jQuery + jQuery Mobile

跨设备网页设计

陈婉凌 著

清华大学出版社

北京

内 容 简 介

  jQuery 是一套轻量简洁的 JavaScript Library。通过 jQuery 可以帮助我们用最精简的程序代码轻松实现跨浏览器的 DOM 操作、事件处理、网页特效以及 AJAX 传送数据等。

  本书从基本的 HTML、CSS、JavaScript 开始介绍，进而详细说明 jQuery。只要有了 JavaScript 基础，学习 jQuery 就一点都不费力。本书搭配目前动态网页最流行实用的范例，其中每个步骤都浅显易懂，只要跟着书中的范例操作，读者可以轻轻松松学会制作令人惊艳的网页作品。

  本书不仅适合网页或网站开发人员学习和参考，而且适合网页设计老师与学生用于教学、阅读和学习。

本书为荣钦科技股份有限公司授权出版发行的中文简体字版本

北京市版权局著作权合同登记号　图字：01-2016-8568

图书在版编目（CIP）数据

jQuery+jQuery Mobile 跨设备网页设计/陈婉凌著. —北京：清华大学出版社，2017

ISBN 978-7-302-47038-0

Ⅰ．①j… Ⅱ．①陈… Ⅲ．①JAVA 语言—程序设计 Ⅳ．①TP312.8

中国版本图书馆 CIP 数据核字（2017）第 112268 号

责任编辑：夏毓彦
封面设计：王　翔
责任校对：闫秀华
责任印制：李红英

出版发行：清华大学出版社
    网　　　址：http://www.tup.com.cn，http://www.wqbook.com
    地　　　址：北京清华大学学研大厦 A 座　 邮　　编：100084
    社 总 机：010-62770175　 邮　　购：010-62786544
    投稿与读者服务：010-62776969，c-service@tup.tsinghua.edu.cn
    质 量 反 馈：010-62772015，zhiliang@tup.tsinghua.edu.cn
印 装 者：清华大学印刷厂
经　　销：全国新华书店
开　　本：190mm×260mm　 印　张：19　 字　　数：490 千字
版　　次：2017 年 7 月第 1 版　 印　　次：2017 年 7 月第 1 次印刷
印　　数：1～3000
定　　价：59.00 元

产品编号：072375-01

序

随着智能手机的普及，大多数用户的生活已经与其密不可分。通过手机搜索和查找网站，甚至直接通过手机上网消费的比例也逐渐增加，无论是公司的官方网站还是个人博客，对移动设备版本网页的需求度越来越高。

为了能让网页在各种不同尺寸的移动设备都能有很好的视觉体验，Ethan Marcotte 设计师在 2010 年提出了响应式网页设计（Responsive Web Design，RWD）的概念。他运用 CSS3 的流动布局（fluid grid）、媒体查询（media query）和按百分比缩放图像（scalable image）等技术制作出能够在不同分辨率下弹性排版的网页，无论是用手机还是平板电脑的浏览者都能轻松愉快地浏览网站。

在响应式设计的潮流中，jQuery、jQuery Mobile 以及 bootstrap 技术最受人瞩目，通过 jQuery 能轻松驾驭困难的 JavaScript 技术，搭配 bootstrap 插件短时间内就能完成相当专业的响应式网站。

为了手机版再开发一个原生应用程序（Native App）版本，对于大多数已有网站的商家来说费用相对昂贵许多，但是通过 jQuery Mobile 框架稍微修改一下现有网站就能放到移动设备上浏览，功能和界面与一般网页应用程序（APP）无异，甚至更加美观，客户普遍接受度很高，对于网页设计者或程序开发人员来说轻轻松松就能增加收入，这也是为什么 jQuery 与 jQuery Mobile 这么受欢迎的原因。

想学习 jQuery 与 jQuery Mobile 框架技术，必须先从基础 HTML5 开始。HTML5 不仅是单纯的 HTML 语言，而且包含 JavaScript、CSS3 技术。HTML5 还新增了一些网页应用程序 API，例如 Local Storage（本地存储）、Web DataBase（网页数据库）等，这些都必须搭配 JavaScript 使用。学习这些技术之前必须熟悉基本的 HTML 语言，这样才能达到事半功倍的效果。

本书以让缺乏程序设计基础的网页设计师能够轻松上手为目标，先打好 HTML5、CSS3 和 JavaScript 基础，再学习使用 jQuery 和 jQuery Mobile 制作网页以及网页应用程序（Web App），并搭配 bootstrap 插件打造响应式网页，从基础到熟练循序渐进。同时让读者能够通过范例进行练习与实践，例如第 5 章实际制作"网页益智游戏——数字快快点"、第 10 章实现"瀑布流照片展示网页"以及第 14 章搭配 HTML5 Web DataBase 实现"记事本 Web App"。

本书范例代码的下载地址为：http://pan.baidu.com/s/1mhPaV1m（注意区分数字和英文字母大小写）。如果下载有问题，请发送电子邮件至 booksaga@126.com，邮件主题设置为"求 jQuery+jQuery Mobile 跨设备网页设计下载资源"。

衷心期待本书成为读者学习制作网页的最佳帮手。本书内容虽经再三核对，力求谨慎、正确，但疏落恐难避免，还望各位读者予以指正，再次感谢。

2017 年 4 月

陈婉凌

改编者序

目前已经出版的与响应式网页设计有关的书籍多数是比较平均地介绍 4 种核心技术：HTML5、CSS、RWD、jQuery。

本书的重心更加偏向于移动设备 RWD 网页的设计，因而把更多笔墨花在 jQuery + jQuery Mobile 技术上。力求让学习 RWD 网页设计的人员可以做到"一次开发到处运行"，即只设计和编写一次网页程序，就可以在计算机和各种移动设备上风格一致地顺畅运行。为了兼顾传统网页开发经验丰富和没有太多网页开发经验的读者，本书前面的章节也对 HTML5 + CSS + JavaScript 做了精辟、简洁的介绍。

本书以丰富的范例程序和详细的图解逐一讲解在响应式网页设计中 jQuery + jQuery Mobile 的核心技术和运用方法，以便让设计和开发出来的网页或网页应用程序根据最终用户所使用设备的浏览器环境（例如屏幕的长度、宽度、长宽比、分辨率或设备屏幕显示的方向等）自动调整网页的版面，将恰当的内容和最佳的显示结果提供给用户。简而言之，网页设计人员只要设计统一版本的网页程序，就能在各种智能手机、平板电脑、移动设备上完整展示网页内容（当然也包括传统的计算机），而无须为不同屏幕大小和功能的设备分别设计和改写网页程序。

另外，为了让读者可以在自己开发的网页程序中嵌入百度地图，改编者对原第 13 章进行了大幅度改写和调整，添加了有关百度地图 API 和编程的内容（也扩写了支持百度地图 API 的范例程序），这样读者不仅可以嵌入谷歌地图，而且可以根据自己的需求选择嵌入百度地图。

本书范例的使用和运行的说明：由于 HTML5 标准相对比较新，并不是所有浏览器和其旧版本都能完整支持本书的 HTML5 范例程序。要正确运行这些范例程序，我们基本采用了 3 种浏览器，Google Chrome、Internet Explorer 11 和 Opera Mobile Emulator。在改编本书的过程中，除了把所有范例程序修改为简体中文版，还在上述 3 种浏览器上逐个测试和调试了这些范例程序。因此，本书所有范例程序至少可以在这 3 款浏览器中的一个上正确运行。

当然,支持 HTML5 的浏览器还包括 Firefox(火狐浏览器)、Safari、QQ 浏览器、猎豹浏览器等。如果读者想在这些浏览器上运行 HTML5 的范例程序,请注意版本说明中对 HTML5 支持程度的细节说明。

资深架构师 赵军

2017 年 5 月

目　　录

第一篇　基础知识

第二篇　jQuery 实用技术

第三篇　使用 jQuery Mobile 快速打造移动设备网页

第 一 篇

基 本 知 识

jQuery 是一种快速、小巧且功能强大的 JavaScript 链接库，大大简化了 HTML 与 JavaScript 之间的操作（如控制 HTML DOM 对象、事件处理、制作动态效果以及 AJAX 数据交换等），加上跨浏览器的特性，jQuery 已经成为网页前端技术必学的热门。

jQuery 简单易学，但是在学习 jQuery 之前必须打好网页技术的基础，包括最基本的 HTML、CSS 以及 JavaScript 语言。

本篇将循序渐进地介绍必学的网页基本技术。如果你已经对 HTML、CSS 以及 JavaScript 相当熟悉，就可以从第 4 章开始学习。

第 1 章

必学 HTML 语言

最新的 HTML 版本是 HTML5，广义的 HTML5 除了 HTML 标签外，还包含 CSS3 与 JavaScript 在内的一套网页技术。我们先来认识 HTML。

1-1 什么是 HTML

全世界网页众多，为了让网页上的信息、版面在各种操作系统、浏览器上的显示结果一致，万维网联盟（W3C）制定了网页开发人员可遵循的标准规范，HTML 就是 W3C 推荐使用的网页标准语言。

HTML 不像 C++、Java 这类程序设计语言必须记忆大量语法，只是一种用标签（tag）标记的语言，标签组合起来就是我们在浏览器上看到的网页。

例如，图 1-1 左图是一些 HTML 语句，经过浏览器解析就能将结果呈现出来，如图 1-1 右图所示。

图 1-1　HTML 语句和浏览器解析后的显示结果

HTML 具有多样化的标签语句，常用的结构包括浏览器标题、段落、表格、图像、音频和视频等。如果想让网页变得更美观，就可以套用 CSS 语句来美化。

下面开始制作第一份 HTML 文件。

1-2 学习 HTML 前的准备工作

工欲善其事，必先利其器。学习 HTML 首先要准备好编写 HTML 的操作环境。现在来学习如何创建一份 HTML 文件并在浏览器中打开该文件。

1-2-1 建立 HTML 文件

学习 HTML 不需要昂贵的硬件与软件设备，只要准备好以下两项基本工具即可。

❋ 浏览器

例如，Microsoft Internet Explorer(IE)、google Chrome、Mozilla Firefox 都是浏览器。

※　纯文本编辑软件

HTML 是标准文件格式，任何纯文本编辑软件都可以编辑 HTML 文件，例如 Windows 操作系统的"记事本"就是一种基本文字编辑工具。

提示

目前，IE、Google Chrome、Firefox、Opera 以及 Safari 浏览器都支持 HTML5，只是支持程度有所不同，IE 浏览器从 IE9 之后才有较佳的支持。

接下来，笔者使用 Windows 操作系统的记事本介绍创建 HTML 文件的方法。

【范例】建立 HTML 文件

步骤 01　在 Windows 系统中依次单击 "开始"→"所有应用"→"Windows 附件"→"记事本"（以 Windows 7 系统为例）启动"记事本"程序，在空白处输入如图 1-2 所示的文字内容。

步骤 02　保存 HTML 文件，如图 1-3 所示。

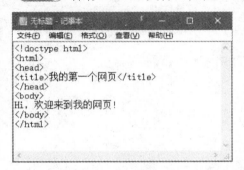

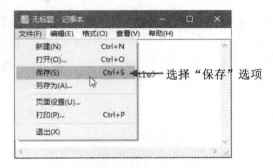

图 1-2　启动"记事本"编写 HTML 语句　　　　图 1-3　保存 HTML 文件

步骤 03　在文件名栏输入"index.htm"，单击"保存"按钮，如图 1-4 所示。

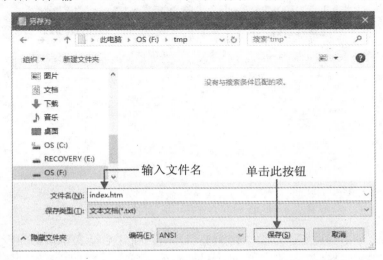

图 1-4　输入文件名并保存文件

完成以上操作后，这个文件就是"HTML 文件"了，可以利用浏览器观看网页的效果。

> **提示**
>
> HTML 文件里的 HTML 标签是不分大小写的，不管是\<html>、\<Html>还是\<HTML>都是同样的效果。不过，有些程序设计语言区分大小写，为了养成良好的习惯，建议采用小写。

1-2-2 预览 HTML 网页

做好的网页必须在浏览器中才能正常显示，下面以 IE 浏览器为例说明如何浏览网页。

【范例】预览 HTML 网页

步骤 01 启动 IE，将 1-2-1 小节保存的"index.htm"文件拖曳到浏览器内，或者依次选择 IE 浏览器中的"文件"→"打开"命令，打开"index.htm"文件，如图 1-5 所示。

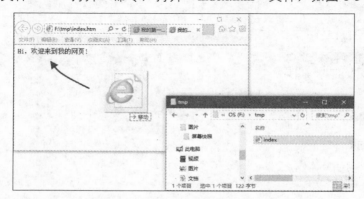

图 1-5　用浏览器打开 index.htm 文件

步骤 02 执行的结果会显示于浏览器内，如图 1-6 所示。

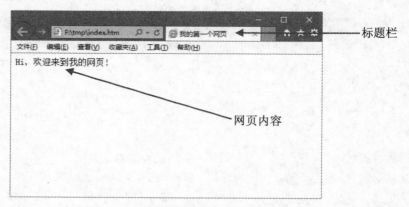

图 1-6　index.htm 文件在浏览器中的执行结果

如果对执行结果不满意，不需要关闭浏览器，可以直接启动文本编辑器打开 index.htm 文件进行修改，修改完成后保存文件。此时，只要回到浏览器，按"刷新"图标或键盘上的 F5 键，就可以立即看到修改后的结果了。

从 1-3 节开始，我们将踏入 HTML 语言的领域。

1-3　HTML 语言结构

在开始学习 HTML 语言之前必须先了解 HTML 的基本结构。

1-3-1　HTML 的标签类型

所有 HTML 标签都有固定的格式，必须用"<"符号与">"符号括住，例如<html>。HTML 标签有容器标签（Container Tag，也称为双边标签）与单边标签（Single Tag）两种。

容器标签

容器标签是成对出现的，有开始标签与结束标签，使用这两个标签将文字括住以达到预期的效果。大部分 HTML 标签都属于这种标签，结束标签前会加上一个斜线（/）。

```
<开始标签>……</结束标签>
```

例如：

```
<title>我的网页</title>
```

<title></title>标签的作用是将文字显示在浏览器的标题栏中。

单边标签

单边标签只有开始标签而没有结束标签，例如<hr>、<img>等标签都属于单边标签，<hr>标签的作用是加入分隔线，<img>标签的作用是插入图像。这些标签加上结束标签是没有意义的，只要将标签表示成<hr>即可，不必写成<hr></hr>。

1-3-2　HTML 的组成

一个最简单的 HTML 网页是由<html>与</html>标签标示出网页的开始与结束，分为"页首（head）"和"主体（body）"两部分，格式如下：

```
<!DOCTYPE html>
<html>
<head>                                        页首（head）
<title>这里是网页标题</title>
</head>
<body>                                        主体（body）
这里是网页的内容
</body>
</html>
```

- <head></head>标签：放置网页的相关信息，例如<title>、<meta>。这些信息通常不会直接呈现于网页内。
- <title></title>标签：用来说明此网页的标题。此标题会显示在浏览器标题栏中。

> **提示**
>
> 浏览者将网页加入“收藏夹”时见到的标题就是<title>标签里的文字。

- <body></body>标签：放置网页的内容。这些内容将直接呈现在网页上。

1-3-3　标签属性的运用

有些标签可以加上属性（Attribute）来改变在网页上呈现的方式。属性直接置于开始标签内，如果有一个以上的属性，就以空格隔开不同的属性。例如，<html>标签有 lang 属性可以使用，用来指定网页所采用的语言，语句如下：

```
<html lang="zh-cn">
```

表示将网页语言设置为中文。当有多个属性值时就可以用空格分隔各个属性，格式如下：

```
<开始标签 属性名称 1=设置值 1 属性名称 2=设置值 2 ……>
```

例如：

```
<meta name="keywords" content="HTML, CSS, XML, XHTML, JavaScript">
```

使用 meta 标签描述网页有利于搜索引擎快速找到网站并正确分类。

> **提示**
>
> 标签的属性是不区分大小写的！

1-4　HTML5 文件结构与语义标签

“结构”（structure）与“呈现”（presentation）分开是网页开发标准很重要的一环。负责网页开发的人员只需要专注于网页的结构和内容，而网页设计师可以用 CSS 语句美化网页。如此一来，不止增加了程序的可读性，当网页需要改版时，设计师只要更改 CSS 文件就可以让网页焕然一新，而不需要修改 HTML 文件。

1-4-1　结构化的语义标签

语义标签其实不是新概念，动手设计过博客版面的读者应该对分栏、页首、菜单、主内容区、页尾等结构很熟悉。如果想将分栏加上标题区、导航条或页尾区，就可以使用 HTML4 中的<div>标签指定 id 属性名称，再加上 CSS 语句达到想要的效果。如图 1-7 所示为基本的两栏式网页结构。

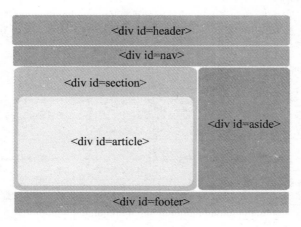

图 1-7　两栏式网页结构

<div>标签的 id 属性是自由命名的。如果 id 名称与结构完全无关，其他人就很难从名称判断网页的结构，而且文件里<div>标签过多会让语句看起来凌乱、不易阅读，因此 HTML5 增加了描述网页内容结构的语义标签。常见的语义标签如表 1-1 所示。

表 1-1　常见的语义标签

标签	说明
<header>	显示网站名称、主题或主要信息
<hgroup>	将网页的标题分组，通常以<h1>到<h6>标签区分主标题、副标题
<nav>	网站的链接菜单
<aside>	用于侧边栏
<article>	用于定义主内容区
<section>	用于章节或段落
<footer>	位于页尾，用来放置版权声明、作者等信息

利用这些语义标签，同样的两栏式网页结构可以以图 1-8 所示的方式表示。

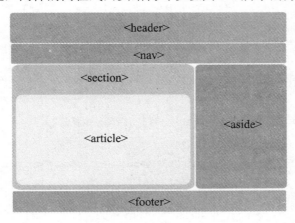

图 1-8　使用语义标签表示两栏式网页结构

HTML5 增加了语义标签，并不表示在设计网页时能够更省事。相反，在开始制作网页之前就必须做好完整的结构规划，决定该使用哪些 HTML5 语义标签，例如首页的结构可能如表 1-2 所示。

表 1-2　首页的结构

内容结构	HTML 5 语义标签
网站标题	\<header>
导航条	\<nav>
内容	\<section>\<article>
侧边插图	\<aside>
版权声明	\<footer>

结构化语义标签可以自由配置，没有规定\<aside>标签一定要写在\<article>标签下方，写法如下：

```
<body>
  <header>网站主题</header>
  <nav>链接菜单</nav>
  <article>
  主内容
   <section>
   章节段落
   </section>
  </article>
 <aside>侧边栏</aside>
 <footer>页尾</footer>
</body>
```

读者可以打开本书提供的下载文件夹中的"ch01\背包客旅行札记.htm"文件。这是一个以 HTML5 实现的网页，如图 1-9 所示。

图 1-9　以 HTML5 实现的网页范例

用记事本软件打开"背包客旅行札记.htm"，可以看到完整的 HTML 结构写法。

```
<!DOCTYPE html>
<html>
<head>
<meta charset="utf-8">
<title>背包客旅行札记</title>
</head>
<body>
<header id="header">
    <hgroup>
        <h1>背包客旅行札记</h1>
        <h4>旅行是一种休息，而休息是为了走更长远的路</h4>
    </hgroup>
    <nav>
        <ul>
            <li><a href="#">关于背包客</a></li>
            <li class="current-item"><a href="#">国内旅游</a></li>
            <li><a href="#">国外旅游</a></li>
            <li><a href="#">与我联络</a></li>
        </ul>
    </nav>
</header>
<article id="travel">
    <section>
        <h2>Hello World!</h2>
        <p>四季都是适合旅行的季节。</p>
        <p>不一定要花大钱，做好功课、注意安全和多点自信，就能享受旅游的美好。</p>
    </section>
    <aside>
        <figure>
            <img src="photo.png" alt="悠闲">
        </figure>
    </aside>
</article>
<footer>
    Copyright &copy; 2016 by Eileen. All rights reserved.
</footer>
</body>
</html>
```

　　HTML 语句只是呈现网页结构与内容，网页版面美化的部分需靠 CSS 语句。CSS 语句会在之后的 CSS 章节详细介绍。

　　打开"ch01/背包客旅行札记-CSS 版.htm"文件，加上 CSS 语句后网页所呈现的效果如图 1-10 所示。

图 1-10　CSS 版的背包客旅行札记网页

1-4-2　HTML5 声明与编码设置

标准 HTML 文件必须在文件前端使用 DOCTYPE 声明所使用的标准规范。HTML4 也有 DOCTYPE 指令，有 3 种模式，分别是严格标准模式（HTML 4 Strict）、近似标准过渡模式（HTML 4 Transitional）以及近似标准框架集模式（HTML 4 Frameset）。DOCTYPE 指令必须清楚声明使用哪种标准，声明近似标准框架集的语句如下：

```
< ! DOCTYPE HTML PUBLIC "-//W3C//DTD HTML 4.01 Frameset//EN"
"http://www.w3.org/TR/html4/frameset.dtd" >
```

HTML5 的 DOCTYPE 声明就简单多了，语句如下：

```
<!DOCTYPE html>
```

语言与编码类型

在网页中声明语言与编码是很重要的，如果没有在网页文件中声明正确的编码，浏览器就会根据浏览者计算机的设置显示编码，例如在逛一些网站时看到网页变成乱码，就是因为没有正确声明编码。

语言声明方式很简单，只要在<head>与</head>中间加入如下语句：

```
<html lang="zh-CN">
```

设置 lang 属性为 zh-CN，表示文件内容使用简体中文。

网页编码可以用<meta>标签与 charset 属性声明，语句如下：

```
<meta charset="utf-8">
```

设置 Charset 属性为 utf-8，表示使用 utf-8 编码。如果要使用其他编码，只需修改 Charset 属性值即可。使用 utf-8 编码的语句如下：

```
<meta http-equiv="Content-Type" content="text/html; charset=UTF-8">
```

在同一份 HTML 文件中，上述两种网页编码声明只能使用一种，不能同时使用。

> **提示**
>
> 　　GB 是简体中文编码，只支持简体中文。也就是说，GB 编码的网页在繁体中文系统中用
> BIG5 编码打开就会变成乱码。UTF-8 是国际编码，支持多种语言，一般不会有乱码的问题。
> 特别提醒读者，网页编码的声明要与文件存盘时的编码格式一致。以记事本为例，如果网页
> 要使用 UTF-8 编码，文件存盘时就必须在"编码"下拉菜单中选择"UTF-8"，如图 1-11 所示。
>
>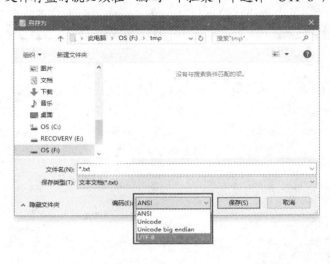
>
> 图 1-11　文件存盘时选择所需的编码方式

1-4-3　meta 标签与 SEO 优化的关系

将做好的网站放到网页空间中，用户在浏览器的网址栏输入专属的网址就可以看到精心设
计的网页，不过这不代表网友可以在百度或谷歌（Google）搜索到你的网站，必须向搜索引擎
申请网站的登录才行。

想象你是一位图书馆管理员，读者向你表示想找某一本书，你会怎么帮助他呢？首先，凭
借读者所提供的关键词在数据库中找出是哪一本书，然后借助书架编号，很快就能找到想要
的书。

搜索引擎扮演的就是管理员的角色，可以帮助网友在"茫茫网海"中找到想要查看的网页。
常见的搜索引擎有百度、谷歌、必应（Bing）等，由于每个搜索引擎都有各自的数据库，因此
我们必须向不同的搜索引擎分别申请收录——即登录并提交申请。

成功被搜索引擎收录了，如果想让自己的网页脱颖而出，针对搜索引擎的优化就相当重要。
搜索引擎优化（Search Engine Optimization，SEO）是根据搜索引擎的运行规则安排网页内容，
使网站更容易被搜索引擎找到、收录并且取得较佳排名的技巧。

SEO 的技巧有很多，其中最简单有效的就是善用 HTML 结构标签以及 meta 标签。建议读
者善加利用以下 3 种标签：

title 标签

编写 HTML 文件时不要省略 title 标签，通常会在这里填写网页标题和网页关键词。

meta 标签

Description meta 标签的格式如下：

```
<meta name="description" content="网页描述">
```

网页描述里可以填写网站的文字叙述，建议文字不要过多，通常不要超过 160 个字符，也就是控制在 80 个汉字以内。描述内容最好包含关键词，但不宜重复多次，过多会被列入垃圾网页，反而降低搜索效益。

h 标签（h1、h2…）

HTML 语句的 h 标签（h1、h2、h3 等）用来呈现文件的标题层次，hl 标签通常用于页面标题、h2 标签用于副标题、h3 用于第三级标题，以此类推。因此，搜索引擎会将 h 标签视为网站的关键词，尤其是 hl 标签。当然，h1 标签过多会让搜索引擎视为无效，反而得到反效果。

例如，一个主题为自助旅行的个人网站可以利用上面介绍的 HTML 标签提高被搜索到的机会，代码如下：

```
<html>
<head>
<title>背包客旅行札记</title>
<meta name="description" content="背包客旅行札记分享日本及欧洲的旅游记事、交通信息、景点介绍，帮助您规划自助旅行的行程">
<meta name="keywords" content="背包客，自助旅行，日本，欧洲，交通信息，景点介绍">
</head>
<body>
<header id="header">
    <hgroup>
        <h1>背包客旅行札记</h1>
        <h2>分享日本和欧洲的旅游记事、交通信息、景点介绍</h2>
    </hgroup>
</header>
…
```

1-5 HTML 常用段落标签

文字是 HTML 文件中最基本的元素，但是一长串密密麻麻的文字如果不经过适当的换行与分段，会让网友在还没看到丰富精彩的网页内容前就被缺乏易读性的网页排版给吓跑。本节学习如何在 HTML 中安排段落。

1-5-1 设置段落样式的标签

在 HTML 语言中可以利用<p>标签分出段落、利用
标签换行。

<p>标签

<p>标签是成对的双边标签（容器标签）。将<p>标签置于段落起始处、</p>标签置于段

落结尾不但具有分段功能，而且具有设置段落居中或靠右对齐功能。如果不设置对齐方式，那么将</P>标签置于段落结尾同样具有分段功能。

语句格式如下：

```
<p>…</p>
```

**
标签**

标签的功能是换行，可说是 HTML 标签里最常使用的标签，不需要结尾标签，也没有属性。

语句格式如下：

```
第一行<br>第二行
```

通过以下范例可以了解<p>标签、
标签使用前后的效果。用记事本打开范例文件"ch01/ch01_01.htm"，读者可以跟着练习。

范例：ch01_01.htm

步骤01 虽然记事本中的文字已经换行，但是尚未加入段落标签，因此在浏览器中只会看到一长串未换行的文字，如图 1-12 所示。

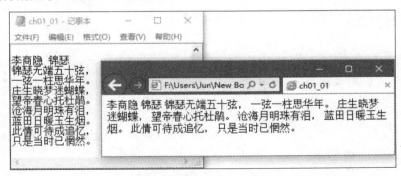

图 1-12　没有加入段落和换行标签时文字在浏览器中的显示结果

步骤02 在 HTML 文件中加入<p>、
标签，HTML 代码如下：

```
<p>李商隐 锦瑟</p>
锦瑟无端五十弦，<br>
一弦一柱思华年。<br>
庄生晓梦迷蝴蝶，<br>
望帝春心托杜鹃。<br>
沧海月明珠有泪，<br>
蓝田日暖玉生烟。<br>
此情可待成追忆，<br>
只是当时已惘然。
```

单击"刷新"图标或按 F5 键，执行结果如图 1-13 所示。

15

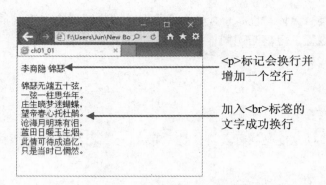

图 1-13　加入<p></p>标签和
标签后文字在浏览器中的显示结果

1-5-2　设置段落标题

<h>标签用来将文字设置为标题，共分为 6 级，分别是<h1>、<h2>、<h3>、<h4>、<h5>、<h6>。其中，<h1>字体最大、<h6>字体最小。

语句格式如下：

```
<h1>…</h1>
```

范例：ch01_02.htm

```
<h1>锦瑟无端五十弦，</h1>
<h2>一弦一柱思华年。</h2>
<h3>庄生晓梦迷蝴蝶，</h3>
<h4>望帝春心托杜鹃。</h4>
<h5>沧海月明珠有泪，</h5>
<h6>蓝田日暖玉生烟。</h6>
```

执行结果如图 1-14 所示。

图 1-14　加入 6 级标题标签后言文字在浏览器中的显示结果

1-5-3　项目符号与编号——使用列表标签

列表标签可用于把文字内容分门别类地以列表方式表示出来，并在文字段落前面加上符号或编号，让网页更容易阅读。

符号列表

符号列表标签的功能是将文字段落内缩，并在段落内每一个列表项前加上圆形（●）、空心圆形（○）或者方形（▪）等项目符号，以达到醒目的效果。由于符号列表没有编号顺序，因此又称为"无序列表"（Unordered List）。符号列表的标签是<ul>，必须搭配<li>标签一起使用。

❀　<ul><li>标签

<ul>标签的语句格式如下：

```
<ul>...</ul>
```

<li>标签的语句范例如下：

```
<li value="3">
```

<li>标签的属性如表 1-3 所示。

表 1-3　<li>标签的属性

属性	设置值	说明
value	1、2、3 等整数值	设置编号列表的起始值，此属性只有搭配编号列表才会起作用。默认值为 1

请参考下面的范例。

范例：ch01_03.htm

```
<h2>蝴蝶的种类</h2>
<ul>
    <li>凤蝶科</li>
    <li>大红纹凤蝶</li>
    <li>乌鸦凤蝶</li>
    <li>白纹凤蝶</li>
    <li>大凤蝶</li>
</ul>
```

执行结果如图 1-15 所示。

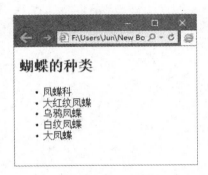

图 1-15　范例 ch01_03.htm 的执行结果

编号清单

想要以有序的列表方式显示数据,编号列表标签无疑是最佳的选择。编号列表标签是<ol>,功能是将文字段落内缩并在段落内每一个列表项前加上 1、2、3 等有顺序的数字,又称为"有序列表"（Ordered List）。编号列表同样必须搭配<li>标签一起使用。

✳ <ol>标签

<ol>标签的语句范例如下:

```
<ol type="i" start="4"></ol>
```

<ol>标签的属性如表 1-4 所示。

表 1-4　<ol>标签的属性

属性	设置值	说明
type	设置值有 5 种,请参考表 1-5	设置编号样式,默认值为 type="1"
·start	1、2、3 等整数值	设置编号起始值,默认值为 start="1"
reversed	reversed	反向排序,数字改为从大到小（IE 不支持）

编号列表的样式共有 5 种,如表 1-5 所示。

表 1-5　编号列表的样式

type 设置值	项目编号样式	说明
1	1, 2, 3, ...	阿拉伯数字
A	A, B, C, ...	大写英文字母
a	a, b, c, ...	小写英文字母
I	I, II, III, ...	大写罗马数字
i	i, ii, iii, ...	小写罗马数字

请参考如下范例。

范例：ch01_04.htm

```
<h2>蝴蝶的种类</h2>
<ul>
<li>凤蝶科</li>
<ol type="A">
    <li>大红纹凤蝶</li>
    <li>乌鸦凤蝶</li>
    <li>白纹凤蝶</li>
    <li>大凤蝶</li>
</ol>
<li>粉蝶科</li>
<ol>
    <li>荷氏黄蝶</li>
    <li>台湾黄蝶</li>
    <li>端红粉蝶</li>
```

```
        <li>黄纹粉蝶</li>
    </ol>
    <li>小灰蝶科</li>
    <ol reversed="reversed">
        <li>红边黄小灰蝶</li>
        <li>朝仓小灰蝶</li>
        <li>紫小灰蝶</li>
        <li>凹翅紫小灰蝶</li>
    </ol>
</ul>
```

执行结果如图 1-16 所示。

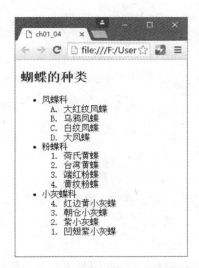

图 1-16　范例 ch01_04.htm 的执行结果

目前，IE11 仍不支持<ol>标签的 reversed 属性，不过使用 Google Chrome 浏览器可以看到 reversed 属性的反向排序效果。如图 1-16 所示的第 3 个列表就是反向排序。

1-5-4　HTML 注释

为了增加程序的可读性，在编写程序代码时会加上说明文字，以免日后遗忘。HTML 也提供了注释标签，只要是注释标签包起来的文字，浏览器解析时就会忽略掉而不会显示在网页上，格式如下：

```
<!-- 注释文字 -->
```

范例：ch01_05.htm

```
<!--内文开始-->
<h2>蝴蝶的种类</h2>
<ul>
    <li>凤蝶科</li>
    <li>大红纹凤蝶</li>
    <li>乌鸦凤蝶</li>
```

```
    <li>白纹凤蝶</li>
    <li>大凤蝶</li>
</ul>
<!--内文结束-->
```

执行结果如图 1-17 所示。

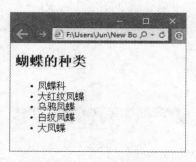

图 1-17　范例 ch01_05.htm 的执行结果

上例分别在程序代码首行和末行加入了注释，浏览网页时这些文字不会在网页显示出来。

1-5-5　使用特殊符号

HTML 的标签常用到<（小于）、>（大于）、""（双引号）和&等符号，如果直接输入这些符号，就会被认为是标签而无法正常显示；如果输入的是这些符号对应的表示法，就能在浏览器中正常显示了。表 1-6 为特殊符号代码表。

表 1-6　特殊符号代码

特殊符号	HTML 表示法
©	\©
<	\⁢
>	\>
"	\"
&	\&
半角空白	\

例如：

```
<u>Beautiful World</u>
```

上述语句是在文字下方加下划线，如果想将这句语句完整地显示在浏览器上而不用加下划线效果，就可以这样表示：

```
&lt;u&gt;Beautiful World&lt;/u&gt;
```

另外，笔者要特别说明网页留"空白"的用法。你一定觉得奇怪，"空白"有什么值得介绍的，按键盘上的空格键不就可以了吗？其实不然，无论在编写 HTML 文件时按了几次键盘的空格键，在网页上浏览时只会显示一个空格的距离。

如果希望在网页上显示多个空格，就必须利用"\ "符号留出空白。

范例：ch01_06.htm

```
<u>Beautiful World</u><br>
&lt;u&gt;Beautiful World&lt;/u&gt;<br>
<i>Beautiful   World</i>
```

执行结果如图 1-18 所示。

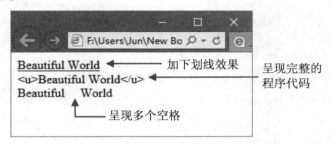

图 1-18　范例 ch01_06.htm 的执行结果

提示

　　网页上想要呈现多个空格，除了在 HTML 文件中使用 " " 外，也可以使用全角的空格符（先切换到全角输入再按空格键），不过为了日后程序维护方便，建议还是以 " " 为佳。

1-5-6　div 标签与 span 标签

　　<div>标签是动态网页不可或缺的元素之一，具有分组与图层的功能，搭配 JavaScript 语句或 CSS 语句就能让网页组件产生移动效果，甚至控制组件的显示与隐藏，是学习动态网页不可或缺的标签。

　　本书第 2 章将介绍 CSS 语言，在此先了解 div 标签。

认识 div 标签

　　<div>标签是容器标签（或双边标签），结束时必须有</div>标签，属于独立的区块标签（block-level），也就是说不会与其他组件同时显示在一行，</div>标签后会自动换行。div 标签的功能有点类似分组，放在<div></div>标签里的组件都会被视为单个组件。语句格式如下：

```
<div>…</div>
```

认识 span 标签

　　<span>标签与<div>标签有点类似，差别在于</div>标签后会换行，而<span>属于行内标签（Inline-Level），可与其他组件显示于同一行。<span>标签的语句格式如下：

```
<span></span>
```

<span>标签是 HTML 4.0 才出现的标签，主要针对 CSS 样式表单（Style Sheet）设计，在 HTML 语言中较少使用。

通过下面的范例可以更清楚的了解<div>与<span>标签的用法以及两者之间的差别。

范例：ch01_07.htm

```
<html>
<head>
<title>div 标签与 span 标签</title>
</head>
<body>
<div style="font-size: 15pt ;color: #FF0000;background-color:#FFFFCC">李商
隐 锦瑟</div>
锦瑟无端五十弦，
一弦一柱思华年。
庄生晓梦迷蝴蝶，
望帝春心托杜鹃。
沧海月明珠有泪，
蓝田日暖玉生烟。
此情可待成追忆，
只是当时已惘然。
</div>
<p>
<span style="font-size: 15pt ;color: #6600FF;background-color:#FFFFCC">白居
易 白云泉</span>
天平山上白云泉，云自无心水自闲。
何必奔冲山下去，更添波浪向人间。
</body>
</html>
```

执行结果如图 1-19 所示。

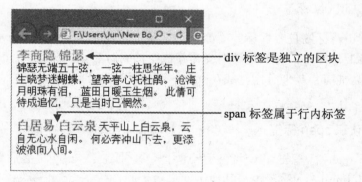

图 1-19　范例 ch01_07.htm 的执行结果

在上面的范例中为<div>标签与<span>标签加了 style 属性。style 属性用 CSS 语句设置组件的样式，"font-size"用于设置文字的大小，"color"用于设置文字的颜色，"background-color"用于设置背景的颜色，这些在第 2 章中会有详尽的介绍。

1-6　网页图像的应用

网页常用的图像格式为 PNG、JPEG 以及 GIF 格式，通常静态的图像使用 PNG、JPEG 格式，动态的图像使用 GIF 格式。

设置图像的时候要先确定图像的文件名和路径，本书范例中使用的图像都会存放在各章的"images"文件夹中。

1-6-1　图像的尺寸与分辨率

网页上受限于带宽，图像太多或太大会让网页显示的速度变慢，为浏览者带来困扰，也为网站整体的视觉效果添加负担。因此，放入图像前应该做好规划并进行筛选。选择网页图像时应考虑图像格式、分辨率以及图像大小 3 点。

建议的图像格式

选择网页图像时只有一个原则，在保证图像清晰的前提下，文件越小越好。笔者建议大家采用 JPEG 或 GIF 的图像格式，尽量不要使用 BMP，因为 BMP 格式的图像文件比较大。

建议的图像分辨率

分辨率是指单位长度内的像素数量，单位为 dpi（dot per inch），以每英寸包含几个像素来计算。像素越多，分辨率就越高，图像的细节也就越清晰；像素越少，分辨率就越低，细节也就越模糊。网页上理想的分辨率是 72dpi（计算机屏幕的分辨率为每英寸 72 点）。

1-6-2　嵌入图像

嵌入图像的标签是<img>，<img>标签是单边标签，语句的范例如下：

```
<img src="images/photo.jpg" alt="这是图像">
```

<img>标签的属性如表 1-7 所示。

表 1-7　<img>标签的属性

属性	设置值	说明
src	图像位置	指定图像的路径和文件名
alt	图像替换文字	当图像失效时，网页显示的文字

范例：ch01_08.htm

```
<h1>背包客旅行札记</h1>
<h4>旅行是一种休息，而休息是为了走更长远的路</h4>
<img src="images/photo.jpg" alt="这是户外泳池图像" style="max-width:100%;">
```

执行结果如图 1-20 所示。

图 1-20 范例 ch01_08.htm 的执行结果

📖 **学习小教室**

<img>标签的 alt 属性

<img>标签的 alt 属性是网页图像无法显示时出现的替换文字，如果图像可以正常显示，alt 就没有作用。例如范例 Ch01_08.htm，当图像找不到时，图像所在的位置就会显示 alt 属性中所写的文字，如图 1-21 所示。

❌ 这是户外泳池图片

图 1-21 alt 属性起作用时显示的文字

旧版浏览器中的 alt 属性也可以作为图像提示文字，也就是当鼠标光标移到图像上方时显示的提示文字，较新的浏览器版本已经取消了这项功能，改用 title 属性显示提示文字。其用法如下：

```
<img src="images/photo.jpg" alt="这是户外泳池图像" title="户外泳池"
style="max-width:100%;">
```

当鼠标光标移到图像上时就会显示提示文字，如图 1-22 所示。

图 1-22 使用 title 属性显示图像的提示文字

1-6-3 路径的表示法

制作网站时可能需要使用大量图像，为了方便网页的制作，通常会将图像存放在专用文件夹中。如果图像与网页文件放在不同文件夹，就必须指定图像的路径。

网页文件中的路径有两种，一种是相对路径（Relative Path），另一种是绝对路径（Absolute Path）。绝对路径通常用在想要链接网络上某一张图像时，可以直接指定 URL，表示方式如下：

```
<img src="http://网址/图像文件.jpg">
```

相对路径以网页文件存放的文件夹与图像文件存放的文件夹之间的路径关系来表示，下面以示意图为例说明相对路径的表示法。

图 1-23 所示为一个网站，根目录是 myweb 文件夹，myweb 文件夹内有 travel 和 flower 文件夹，flower 文件夹内还有 animal 文件夹。

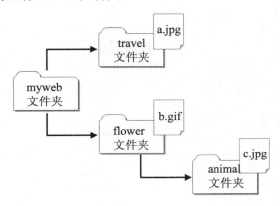

图 1-23　某网站存放各个文件的文件夹的结构关系示意图

网页与文件位于同一个文件夹

当网页与文件位于同一个文件夹时，直接以文件名表示就可以了。

例如，网页位于 flower 文件夹，想要在网页内嵌入 flower 文件夹里的 a.jpg 图像文件，可以如下表示：

```
<img src="a.jpg">
```

位于上层文件夹

路径的表示法是以 "../" 代表上一层文件夹、"../../" 代表上上一层文件夹，以此类推。当文件位于网页的上层文件夹时，在文件名前加上 "../" 即可。

例如，网页位于 animal 文件夹，想要在网页内加入 flower 文件夹里的 b.gif 图像文件，可以如下表示：

```
< img src="../flower/b.gif">
```

位于下层文件夹

当文件位于网页下层文件夹时，只要在文件名前加上文件夹路径就可以了。

例如，网页位于 flower 文件夹，想要在网页内加入 animal 文件夹里的 c.jpg 图像文件，可以如下表示：

```
<img src="animal/c.jpg">
```

1-7　表格与窗体

表格可以帮助网页设计者系统地呈现信息和数据，使网页更具吸引力，也可以让浏览者立即了解网页的重点内容。很多人都有网络上填写表格的经验，例如申请加入某个网站会员、填写网络问卷、参加抽奖活动等，这种必须在网页中输入信息和数据的页面，都是使用窗体组件制作而成的。本节就来认识表格和窗体标签。

1-7-1　制作基本表格

网页表格的应用相当广泛。表格标签很简单，只要熟记<table>、<tr>、<td>三个重要标签及属性，就可以运用自如。由于 HTML 文件里都是一长串密密麻麻的语句，因此在编写表格标签时力求整齐易读，否则杂乱无章的写法会让日后编辑 HTML 文件时格外辛苦。

1-7-2　表格的基本结构

一般表格包含"表格（table）""单元格（cell）""列（column）"和"行（row）"，完整的表格如图 1-24 所示。

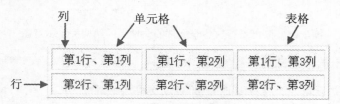

图 1-24　表格的基本结构

> **提示**
>
> 通常我们以"行"代表"横行"，"列"代表"竖列"。

HTML 文件加入表格有 3 个步骤，设置表格、设置行数、设置列数，可以使用 table、tr 以及 td 标签（这三组标签是制作表格最重要的标签，请熟记语法和使用顺序）。

步骤 01 设置表格。

表格标签的语句格式如下：

```
<table> ... </table>
```

<table></table>标签的功能是声明表格的起始与结束。

步骤 02 设置行数。

行标签的语句格式如下：

```
<tr> ... </tr>
```

<tr></tr>标签的功能是产生一行。这组标签必须置于<table></table>标签内。

步骤 **03** 设置列数。

```
<td> ... </td>
```

<td>标签的功能是在一竖列中产生一栏，文字就写在<td></td>标签间。这组标签必须置于<tr></tr>标签内。

举例来说，如果我们要产生一行两列的表格，那么可以如下表示：

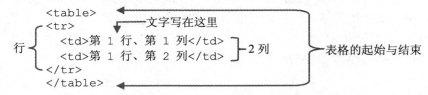

为了让大家有更清楚的概念，接下来尝试制作图 1-25 所示的表格。

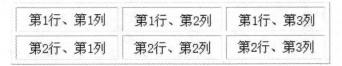

图 1-25　需要设计的范例表格

读者可以对照范例程序代码自行练习，相信不用强记也能很快熟悉这 3 组标签.

范例：ch01_09.htm

```
<table>
<tr>
    <td>第 1 行、第 1 列</td>
    <td>第 1 行、第 2 列</td>
    <td>第 1 行、第 3 列</td>
</tr>
<tr>
    <td>第 2 行、第 1 列</td>
    <td>第 2 行、第 2 列</td>
    <td>第 2 行、第 3 列</td>
</tr>
</table>
```

执行结果如图 1-26 所示。

图 1-26　范例设计 ch01_09.htm 的执行结果

<table>标签只能用于制作表格，并不会显示表格框线，所以运行上述程序是看不到表格

框线的。范例中表格框线是使用 CSS 设置的，打开范例 ch01_09.htm，其中<style>…</style>标签内的语句就是 CSS 标签。

📚 **学习小教室**

编写易读易懂的 HTML 源代码

编写 HTML 源代码时，除了要求语句的语法正确外，源代码易读易懂也是相当重要的。不但要善用"注释"，而且源代码最好能分出层次，例如表格里的标签是先写行、后写列。我们可以在<td>标签前加上空格，如此一来，即使源代码很长，也不需浪费时间寻找表格的起始与结尾，整个表格层次一目了然。

例如：

```
<table border="1">
<tr>      ← 标签前方可按 Tab 键加上空格，以区分出层次
    <td>第 1 行、第 1 列</td>
    <td>第 1 行、第 2 列</td>
</tr>
</table>
```

养成良好的编写习惯日后修改源代码时才能更轻松！

窗体（Form）一直是网页设计的重头戏，尤其是交互式网页绝对少不了窗体。为了制作出各种各样的窗体，可以采用不同的窗体组件。窗体组件可分为 4 类，文字组件、列表组件、选择组件和按钮组件。下面给大家介绍一些基本窗体的制作方法。

1-7-3　制作窗体

窗体是由许多窗体组件组成的，主要是让用户填写数据提交到服务器端进行必要的处理，例如在线购物、讨论区和留言板等功能。不过，HTML 语言只能控制前端用户界面，也就是只能将窗体组件安排到网页上，必须搭配 ASP、PHP 等服务器程序才能进行服务器端的处理以及数据库的访问。

我们先通过一个简单的登录页面了解窗体的基本结构，HTML 源代码如下：

```
<form method="post" action="action_page.php">        <!--窗体开始-->
账号：<input type="text" name="user_name"><br>       <!--文本字段-->
密码：<input type="text" name="password"><br>        <!--文本字段-->
<input type="submit" value="提交">                    <!--提交按钮-->
<input type="reset" value="取消">                     <!--取消按钮-->
</form>                                               <!--窗体结束-->
```

执行结果如图 1-27 所示。

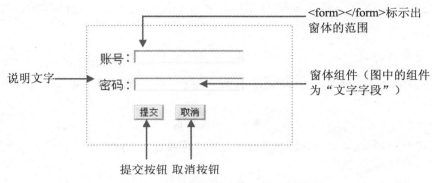

图 1-27　登录页面范例窗体的执行结果

<form> 是窗体的开始标签，</form> 是窗体的结束标签，各种窗体组件必须放在 <form></form> 标签围起的范围内才能有效执行。通常窗体包括"窗体标签（<form>）""说明文字""窗体组件""提交按钮"及"取消按钮"等。

> **提示**
>
> 图 1-27 虚线部分是为了让读者了解<form>标签的作用，实际在网页浏览时并不会出现虚线。

下面来认识<form>标签。

<form></form>标签

<form>标签就像一个容器，里面可以放置各种窗体组件。其语句格式如下：

```
<form method="post" action="abc.asp">
```

<form>标签常用的属性使用方法如下：

❋ method

method 属性用于设置数据传送的方式，设置值有 post 和 get 两种。使用 get 方式传送数据时，数据会直接加在 URL 后，安全性较差，并且有 255 个字符的字数限制，适用于数据量少的窗体，例如：

get method 传送的数据

```
http://www.abc.com.tw/index.asp?username=eileen
```

post 方式是将数据封装后再传送，字符串长度没有限制，数据安全性较高，对于需要保密的信息（例如用户账号、密码、身份证号码、地址及电话等），通常采用 post 传送。

❋ action

窗体通常会与 ASP、PHP 等数据库程序配合使用。属性 action 用来指出传送的目的地，例如 action="abc.asp"表示将窗体送到 abc.asp 网页进行下一步处理。如果不使用数据库程序，就将窗体属性送到电子邮件的信箱，语句如下：

```
<form method="post" action="mailto:abc@mail.com.tw?subject=xxxx"
enctype="text/plain" >
```

mailto 是发送 mail 到设置的 E-Mail 信箱，"?subject=xxxx" 是设置邮件的主题。

❋ enctype

enctype 是窗体传送的编码方式，只有 method="post" 才有效。enctype 共有以下 3 种模式。

● enctype="application/x-www-form-urlencoded"：默认值，如果 enctype 省略不写，就采取此种编码模式。
● enctype="multipart/form-data"：用于上传文件时。
● enctype="text/plain"：将窗体属性传送到电子信箱，enctype 的设置值必须设为"text/plain"，否则会出现乱码。

❋ target

指定提交到哪一个窗口，属性值共有 5 种，如表 1-8 所示。

表 1-8　target 的 5 种属性值

属性值	说明
_blank	开新窗口
_self	当前的窗口
_parent	上一层窗口（父窗口）
_top	最上层窗口
页框名称	直接指定窗口或页框名称

❋ autocomplete

autocomplete 用来设置 input 组件是否使用自动完成，是 HTML5 新增的属性，有 on（使用）和 off（不使用）两种属性值。

❋ novalidate

novalidate 用来设置是否在提交窗体时验证窗体，如果需要验证就填入 novalidate。novalidate 也是 HTML5 新增的属性，目前 IE 并不支持 novalidate 属性。

窗体的组件有很多种；表 1-9 列出了主要的组件名称和范例。各个窗体组件的使用方式会在后续章节详加说明。

表 1-9　窗体组件

窗体组件分类	组件名称	范例
输入组件	text	<input type="text" name="t1" size="20">
	textarea	<textarea rows="2" name="s1" cols="20"></textarea>
	password	<input type="password" name="pw" size="5">
	date	<input type="date" name="bday" max="2012-12-31">
	number	<input type="number" name="quantity" min="1" max="5">
	search	<input type="search" name="searchword">
	color	<input type="color" name="colorpicker">
	range	<input type="setrange" name="range">
	output	<output name="x" for="a b"></output>
	keygen	<keygen name="security">

窗体组件分类	组件名称	范例
列表组件	select	\<select size="1" name="d1">\</select>
	datalist	\<datalist id="search_list"> \</datalist>
选择组件	radio	\<input type="radio" value="v1" name="r1" checked >
	checkbox	\<input type="checkbox" name="c1" value="on">
按钮组件	submit	\<input type="submit" value="提交" name="sbtn">
	reset	\<input type="reset" value="重新设置" name="rbtn">
	button	\<input type="button" value="按钮" name="btn1">

其中，date、number、color、range 、datalist、output 及 keygen 是 HTML 新增的组件，IE 无法完整支持。

1-8　加入超链接

超链接是网页相当重要的一环，通过超链接能够建立网页与网页之间的关系，也可以链接到其他网站，达到网网相连的目的。下面介绍超链接它的用法。

首先，我们来认识链接标签。链接标签是\<a href="">\</a>，文字和图像都可以加上超链接。例如：

```
<a href="index.htm" target="_top">…</a>
```

超链接的 href 和 target 属性使用方法如下：

href="index.htm"

href 属性设置的是所要链接的网址或文件路径，例如：

```
<a href="http://www.yahoo.com.tw">
<a href="download/file.zip">
```

如果文件路径与 html 文件不是放在同一个目录，就必须加上适当的路径。

target="_top"

target 属性用于设置链接网页的打开方式，有下列几种。

- target="_blank"：链接的目标网页在新窗口中打开。
- target="_parent"：链接的目标网页在当前窗口中打开。如果在框架式网页中，目标网页就会在上一层页框中打开。
- target="_self"：默认值，链接的目标在当前执行的窗口中打开。
- target="_top"：链接的目标在浏览器窗口中打开。如果有框架，网页中所有页框都会被删除。
- target="窗口名称"：链接的目标在指定名称的窗口或框架中打开。

超链接可以加在文字或图像上。要让文字产生超链接，只要在文字前后加上\<a href="">\</a>标签就可以了，例如：

```
<a href=" index.htm ">回首页</a>
```

显示结果如图 1-28 所示。

图 1-28　为文字加超链接的范例

添加超链接后，文字的颜色会随超链接的状态有所不同。在默认状态下，文字的外观会有如下变化。

- 尚未浏览的超链接（unvisited）：文字显示为蓝色（blue）、有底线。
- 浏览过的超链接（visited）：文字显示为紫色（purple）、有底线。
- 单击超链接时（active）：文字显示为红色（red）、有底线。

想要在图像上产生超链接，就要在图像前后加上<a href=""></a>标签，例如：

```
<a href="index.htm"><img src="images/home.jpg"></a>
```

显示结果如图 1-29 所示。

图 1-29　图像上加超链接的范例

第 2 章

必学 CSS 基础

制作网页最让人困扰的问题莫过于烦琐的样式设置，文字样式、行距、段落间距、表格样式等都必须逐一设置。想让每个网页的格式统一，就是另一项艰巨的工程了。鉴于此，W3C组织拟定出了的一套标准格式，也就是"CSS 样式表单"。在现有的 HTML 语言中加上一些简单的语句就能轻松实现对文字或组件外观的控制，以便建立统一风格的网站。

2-1　建立 CSS 样式表单

CSS 全名是 Cascading Style Sheets（层叠样式表单），最新版本为 CSS3。下面介绍 CSS 的基本格式。

2-1-1　CSS 基本格式

CSS 样式表单是由选择器（selector）与样式规则（rule）组成的，基本格式如下：

```
h1{color: red;}
```

选择器　样式规则

❋ 选择器

CSS 样式可以套用 HTML 标签、class 属性或 id 属性。例如，上面语句中的 h1 原本是 HTML 标签，而在此处 h1 是一个选择器。只要网页文件套用了一个 CSS 样式，网页内所有<h1>标签都会套用 h1 选择器里的样式规则。

如果其他标签也使用相同的样式，那么可以将不同的选择器写在一起，中间以逗号（,）分隔，例如：

```
h1, p{ color: red;}
```

❋ 样式规则

样式规则是用"{}"（大括号）括起来的部分，每一个规则由属性和设置值组成，例如：

```
color: red;
```

属性　设置值

一个选择器里可以设置多种不同的规则，中间要以分号（;）分隔开，例如：

```
h1{font-size: 12px; line-height: 16px; border: 1px solid black;}
```

这行语句的意思是将文字大小设为 12px、行高设为 16px，并加上颜色为黑色、宽度为 1px 的实线框。

为了让程序更容易阅读，我们通常会将样式分行编写，分行除了可以让样式更清楚易读外，还可以在语句中加入注释，例如：

```
h1 {
font-size: 12px;                    /*文字大小*/
line-height: 16px;                  /*设置行高*/
```

```
    border: 1px #336699 solid;       /*设置框线*/
  }
```

这样的写法看起来一目了然，日后维护程序时也会更加容易。

📖 **学习小教室**

CSS 样式表单注释的写法

　　HTML 语言将注释文字写在<!--...-->之间，CSS 样式表单同样可以加注释，只要在注释文字前后加上/*...*/就可以了。

　　使用 CSS 样式之前必须在 HTML 文件声明，告诉浏览器这份文件套用了 CSS 样式。

2-1-2　套用 CSS 样式表单

　　在 HTML 文件中，CSS 样式的声明方式有 3 种。

- 第一种是"行内声明（Inline）"，就是直接将 CSS 样式写在 HTML 标签里。
- 第二种是"内部声明（Internal）"，就是将 CSS 样式表单放在 HTML 文件的标头区域，也就是<head></head>标签里。
- 第三种是"链接外部样式文件（External）"，先将 CSS 样式表单保存为独立文件（*.css），然后在 HTML 文件里以链接的方式声明。

下面详细介绍这 3 种声明方式。

行内声明

　　如果网页里只有少数几行 HTML 程序需要套用 CSS 样式，可以采用行内声明的方式。在 HTML 标签里利用 style 属性声明 CSS 语句，并写明样式规则就可以了，例如：

```
  <h1 style="color:blue;">这是蓝色标题</h1>
```

下面的范例将示范行内声明的用法。

范例：ch02_01.htm

```
  <html>
  <head>
  <title>套用 CSS 样式-行内声明</title>
  </head>
  <body>
  <h1 style="color: red; font-family: Impact; font-weight: bold; border: 1px
solid blue;">Do a thing quickly often means doing it badly.</h1>
  <h1>Do a thing quickly often means doing it badly.</h1>
  </body>
  </html>
```

执行结果如图 2-1 所示。

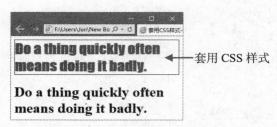

图 2-1　范例 ch02_01.htm 的执行结果

可以看到，上例 HTML 文件中有两个<h1>标签，第一个<h1>标签在行内声明 CSS 样式，第二个<h1>标签保持原形，所以网页上会呈现两种不同的样式。

提示

> HTML5 已经不再支持 HTML 标签的外观属性（如颜色、高度、宽度等），建议以 CSS 来取代，大部分 HTML 标签都可以套用 style 属性，例如文字、图像、表格、窗体组件等都可以利用 style 属性改变视觉效果。不过，行内声明的方式只对该行语句有效，如果为大量 HTML 标签加上 CSS 样式，程序代码就会看起来很凌乱，建议采用内部声明或链接外部样式文件的方式套用 CSS 样式。

内部声明

内部声明是在 HTML 文件里以<style></style>标签来声明，并且将样式表单放在 HTML 标头区域，也就是<head></head>标签内，例如：

```
<html>
<head>
<title>声明 CSS 样式表单</title>
<style>
h1 {
    font-size: 12px;
    line-height: 16px;
    border: 1px solid black;
}
</style>
</head>
<body>
<h1>Do a thing quickly often means doing it badly.</h1>
</body>
</html>
```

`<style>` 到 `</style>` 部分为 CSS 样式；`<head>` 到 `</head>` 为 `<head></head>`标签

范例：ch02_02.htm

```
<html>
<head>
<title>套用 CSS 样式-内部声明</title>
<style>
h1{
    color: Red;
    font-family: Broadway BT;
```

```
        font-weight: bold;
        border: 1px blue solid;
    }
    h2{
        color: #0000CC;
        font-family: ParkAvenue BT;
        font-weight: bold;
        border: 3px green double;
    }
    </style>
    </head>
    <body>
    <h1>Do a thing quickly often means doing it badly.</h1>
    <h2>Do a thing quickly often means doing it badly.</h1>
    </body>
    </html>
```

执行结果如图 2-2 所示。

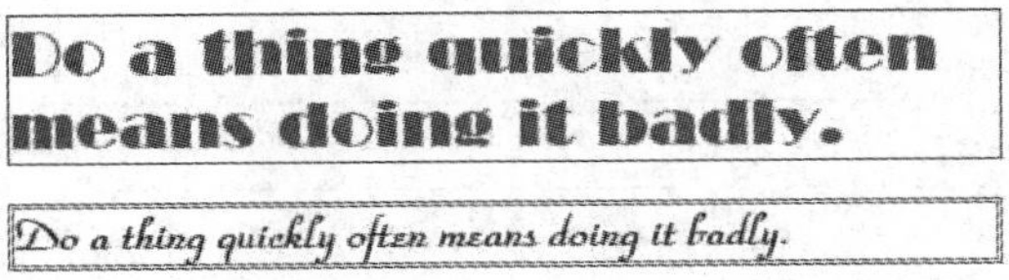

图 2-2　范例 ch02_02.htm 的执行结果

内部声明的好处是将网页里的 CSS 样式统一管理，不过只能套用原本的网页，如果网站里所有网页都要使用相同的样式，就要逐页设置，非常麻烦。要解决这个问题可以考虑第三种声明方式，也就是链接外部样式文件。

链接外部样式文件

外部样式文件的格式与内部声明相同，只是将 CSS 语句单独保存为一个 CSS 文件，文件内不需要<style></style>标签，可以利用记事本等文字编辑工具编写 CSS 样式，例如：

```
h1{color: Red; font-family: Broadway BT;font-weight: bold;border: 1px blue
solid;}
h2{
    color: #0000CC;
    font-family: ParkAvenue BT;
    font-weight: bold;
    border: 3px green doubleE;
}
```

样式规则可以写在同一行，也可以分行编写，编写完成后将文件保存为扩展名.CSS 的文件就可以了。

样式文件建立完成后要加入 HTML 文件中，套用外部样式文件的语句如下：

```
<link rel=stylesheet href="样式文件的路径/文件名">
```

同一份 HTML 文件可以同时使用行内声明、内部声明与链接外部样式文件，例如以下范例。

范例：ch02_03.htm

```
<html>
<head>
<title>CSS 样式表单</title>
<style>
h1{
    color: Red;
    font-family: Broadway BT;
    font-weight: bold;
    border: 1px #336699 solid;
}
h2{
    color: #0000CC;
    font-family: ParkAvenue BT;
    font-weight: bold;
    border: 3px #669900 DOUBLE;
}
</style>
```
内部声明

```
<link rel=stylesheet href="test.css">
```
链接外部 CSS 文件

```
</head>
<body>
```
行内声明

```
<h1 style="background-color: #FFFFCC;font-family: Broadway BT;">Do a thing
quickly often means doing it badly.</h1>
<h2>Do a thing quickly often means doing it badly.</h2>
</body>
</html>
```

执行结果如图 2-3 所示。

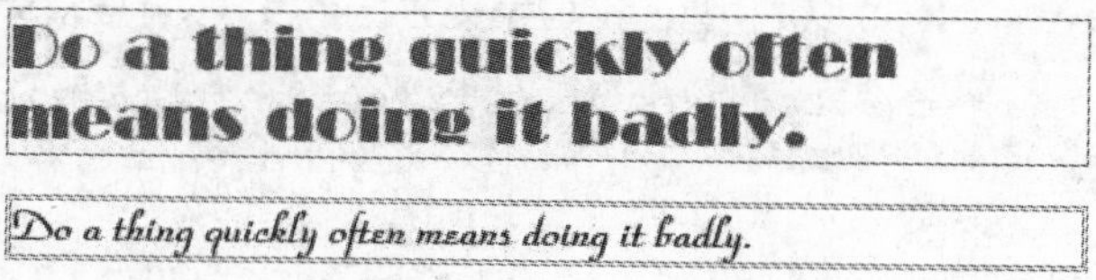

图 2-3 范例 ch02_03.htm 的执行结果

上述范例使用的 test.css 文件中的 CSS 语句如下：

```
h1 {
    color: Red;
    font-family: "Broadway BT";
    font-weight: bold;
}
```

上述范例将 3 种声明放在一起使用。其中，h2 样式没有重复，因此不会有冲突的问题；h1 样式在 3 种声明方式里都重复定义了，因此会产生优先级的问题。

当一个 HTML 文件同时套用 3 种声明方式并有重复样式时，优先级为"行内声明>内部声明>链接外部样式文件"。因此，上述范例中 h1 标签会套用行内声明里的设置。

2-2　CSS 选择器

行内声明是直接将 CSS 语句写在组件的 style 属性中，而其余两种设置方式必须明确告诉浏览器要设置哪一个组件，最简单的就是选择 HTML DOM 对象，通过 CSS 语句对选择的组件进行样式套用。选择组件的工具称为选择器（Selector），现在来认识什么是 DOM。

2-2-1　认识 HTML DOM

HTML 文件中标签上下层的关系可以用树状结构来表示，这样的 HTML 文件结构称为文档对象模型（Document Object Model，DOM），是由 W3C 组织推广的标准程序接口，有了统一的 DOM 标准，我们就可以利用程序改变 HTML 文件结构、样式和内容。

下面的 HTML 源代码对应的 DOM 结构如图 2-4 所示。

```
<html>
<head>
<meta charset="utf-8">
<title>DOM Demo</title>
</head>
<body>
<h1>DOM Demo</h1>
<h2>have a good day
    <a href="link.htm">link</a>
</h2>
<img src="images/photo.png">
</body>
</html>
```

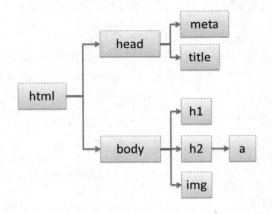

图 2-4　范例 HTML 源代码对应的 DOM 结构示意图

读者可以利用记事本等编辑软件打开"dom.htm"文件，实际感受一下 HTML DOM 的对应关系。

2-2-2　认识 CSS 选择器

CSS 选择器（Selector）可以用来指定目标组件，选择器大致可分为 5 种：标签名称、通用选择器（*）、Class 选择器、ID 选择器、属性选择器。

下面来看这 5 种选择器的用法。

标签名称

使用 HTML 标签名称作为选择器可以选择 HTML 文件里所有相同的标签组件。例如：

```
div { font-size: 16px; color: #FFFFFF;}
```

上述语句是将 HTML 文件中所有 div 组件都套用{}内的样式。

通用选择器（*）

使用"*"字符选择所有标签，例如：

```
* { font-size: 16px; color: #ff0000;}
```

上述语句是将 HTML 文件中所有组件都套用{}内的样式。

如果希望样式套用到不同组件，就要先替组件取个名字。有两种命名方式，一种是 Class 属性，另一种是 ID 属性。

Class 选择器

Class 属性名称可以重复，例如小明和静香是第一组，那么可以把他们设为 class one，老师点名 class one 时就包含小明和静香两个人。Class 属性用法如下：

```
Class="class 名称"
```

举例来说，<font>标签要套用 CSS 样式，就要加入 class 属性，例如：

```
<font class="one">
```

class 名称是自己取的，应避免使用 HTML 标签名称作为 class 名称，以免混淆。

设置好 class 名称后，直接在 CSS 样式里加入 class 选择器声明并指定样式规则就可以了，声明方式是在 class 名称前加上点号（.），格式如下：

```
.class 属性名 {样式规则;}
```

例如：

```
.txt{font-size: 16px; color: #FFFFFF; font-weight: bold;}
```

下面来看一个范例程序。

范例：ch02_04.htm

```
<html>
<head>
<meta charset="utf-8">
<title>class 选择器</title>
<style>
.txt{
    font-size: 24px;
    color: Red;
    font-family: Broadway BT;
    font-weight: bold;
    border: 1px blue solid;
}
</style>
</head>
<body>
<font class="txt">From saving comes having. </font>
<p class="txt">富有来自节俭</p>
</body>
</html>
```

执行结果如图 2-5 所示。

图 2-5　范例 ch02_04.htm 的执行结果

上述范例中，<font>标签和<p>标签中都加入了 class 属性，并命名为 txt，因此两者都会套用.txt 选择器的样式。

如果希望只在一种标签上套用 class 选择器的样式，可以在 class 选择器前加上标签名称，格式如下：

标签名称.class 属性名　{样式规则;}

例如：

font.txt{font-size: 16px; color: #FFFFFF; font-weight: bold;}

下面的范例是将范例 ch02_04 中的 class 选择器指明只套用于<font>标签。

范例：ch02_05.htm

```
<html>
<head>
```

```
<meta charset="utf-8">
<title>class 选择器</title>
<style>
font.txt{
    font-size: 24px;
    color: Red;
    font-family: Broadway BT;
    font-weight: bold;
    border: 1px blue solid;
}
</style>
</head>
<body>
<font class="txt">From saving comes having. </font>
<p class="txt">富有来自节俭</p>
</body>
</html>
```

执行结果如图 2-6 所示。

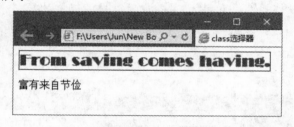

图 2-6　范例 ch02_05.htm 的执行结果

上例中，虽然<font>标签与<td>标签都加入了 class 属性，并命名为 txt，但是因为 CSS 样式声明里已经指明了 font.txt 选择器，所以只有<font>标签里的文字会受影响。

ID 选择器

要套用 ID 选择器样式，就必须先在 HTML 标签里加入 ID 属性。注意 ID 属性在同一份 HTML 里必须是唯一、不可重复的。举例来说，<font>标签要套用 CSS 样式，就要在<font>标签里加入 ID 属性，格式如下：

```
<font id="id 名称">
```

id 名称是自定义的，应避免使用 HTML 标签作为 id 名称，以免混淆。

接着，在 CSS 样式里加入 ID 选择器声明并指定样式规则。ID 选择器声明是在 id 属性名前加上井字符号（#），格式如下：

```
#id 属性名 {样式规则;}
```

例如：

```
#font_bold{font-size: 16px; color: #FFFFFF; font-weight: bold;}
```

下面来看一个范例。

范例：ch02_06.htm

```
<html>
<head>
<meta charset="utf-8">
<title>ID 选择器</title>
<style>
#font_bold{
    font-size: 24px;
    line-height:60px;
    color: Red;
    font-family: Arial;
    font-weight: bold;
    border: 5px blue double;
}
</style>
</head>
<body>
<font id="font_bold">From saving comes having.</font>
<p id="p_bold">From saving comes having.</p>
</body>
</html>
```

执行结果如图 2-7 所示。

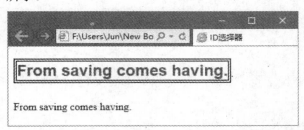

图 2-7　范例 ch02_06.htm 的执行结果

提示

　　id 属性名就像身份证号码一样，在同一份 HTML 文件里必须是唯一的，不能有重复的 id 名称。学习 jQuery 语言时会经常使用 id 属性存取 HTML 对象，当有重复 id 时程序就会无法正确执行。

属性选择器

　　属性选择器属于高级筛选，用来筛选标签里的属性，例如指定超链接标签<a>的背景颜色为黄色，但是只套用于有 target 属性的对象，可以使用以下语句套用：

```
a[target] { background-color:yellow; }
```

属性选择器可以筛选属性，筛选方式有 6 种，如表 2-1 所示。

表 2-1　属性选择器筛选属性的 6 种方式

属性选择器	属性
[attribute="value"]	属性等于 value
[attribute~="value"]	属性包含完整的 value
[attribute|="value"]	属性等于 value 或以 value-开头
[attribute^="value"]	属性开头有 value
[attribute$="value"]	属性最后有 value
[attribute*="value"]	属性出现了 value

举例来说，下面语句中有 4 个不同的对象都有 class 属性。

```
<div class="first_cond"> div 标签.</div>
<font class="secondtest">font 标签.</font>
<a class="test">a 标签.</a>
<p class="test word">p 标签.</p>
```

当我们使用 "~=" 属性选择器筛选时，只会套用 a 标签和 p 标签，语句如下：

```
[class~="test"]{background:red;}
```

若使用 "*=" 属性选择器筛选，则会套用 font 标签、a 标签和 p 标签，语句如下：

```
[class~="test"]{background:red;}
```

📖 学习小教室

反向选择

如果整份文件中除了<p>标签，其他标签都要套用一种样式，可以采用反向选择 ":not"，格式如下：

```
:not(p){color:red;}
```

如此一来，整个网页的字体都会套用红色，只有<p>标签不套用。

本章带领读者认识和熟悉了 CSS 的使用方式，后面的章节将会运用 CSS 设置网页元素的样式，并对所使用的 CSS 语句进行详细说明。

第 3 章

必学 JavaScript 基础

JavaScript 语言具有弹性、很容易上手，常被误解为粗糙且过于简单的语言，直到近几年"物联网"被炒得火热，程序设计师能够搭配 JavaScript 语句控制物联网设备，除了用在浏览器外，还可以用于许多领域，因此 JavaScript 语言逐渐受到重视，成为相当热门的语言。

有些人认为学 jQuery 不需要先学 JavaScript。其实不然，jQuery 是一套 JavaScript 的链接库，对 JavaScript 越熟悉，使用 jQuery 就越得心应手！

3-1　认识 JavaScript

JavaScript 是一种客户端（Client）脚本（Script）解释型程序设计语言，程序代码直接编写在 HTML 文件里，浏览器解析 HTML 文件时就会解释并执行 JavaScript 语句，JavaScript 不仅让我们能够随心所欲地控制网页页面，还可以与其他技术搭配实现更多应用，例如 JSON 和 AJAX 技术。

为了方便交流，也有人将 JavaScript 简称为 JS。下面介绍 JavaScript 的结构。

3-1-1　JavaScript 结构

在 HTML 文件里使用 JavaScript 很简单，只要用<script>标签嵌入 JavaScript 程序代码即可，基本结构如下：

```
<script>
…
</script>
```

JavaScript 程序代码可以顺序执行或通过事件驱动，分别说明如下。

顺序执行

浏览器会解释 JavaScript 程序代码，程序放在什么位置，浏览器就会按序由上而下执行，并将执行结果直接呈现在浏览器上。为了方便编辑，通常会将程序代码统一放在 HTML 的<head></head>标签内。通过下面的范例，读者可以了解程序语句放置的位置对执行结果的影响。

❋ JavaScript 程序代码放在<head></head>标签内

如果程序放在<head></head>标签内，网页一开启就会执行 JavaScript 程序，可参考下面的范例。

范例：ch03_01.htm

```
<!DOCTYPE html>
<html>
<head>
<meta charset=" utf-8">
<title>ch03_01</title>
<script>
```

```
    alert("欢迎光临!");
</script>
</head>
<body>
JavaScript 好简单!
</body>
</html>
```

执行结果如图 3-1 所示。

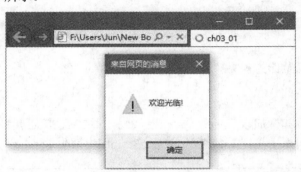

图 3-1　范例 ch03_01.htm 的执行结果

范例执行后，一进入网页就会跳出"欢迎光临"对话。其中，JavaScript 语句 alert()的作用就是弹出信息窗口，窗口会有说明信息和"确定"按钮，单击"确定"按钮后才能继续执行。正确的语句如下：

```
window.alert("消息正文");
```

语句前面的 window 可以省略不写。

❋ JavaScript 程序代码放在<body></body>标签内

程序代码放在<body>标签里会按照网页加载顺序执行，可参考下面的范例。

范例：ch03_02.htm

```
<html>
<head>
<meta charset="utf-8">
<title>ch03_02</title>
</head>
<body>
JavaScript 好简单!
<script>
    alert("欢迎光临!");
</script>
</body>
</html>
```

执行结果如图 3-2 所示。

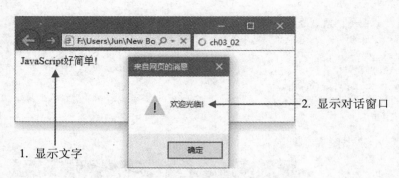

图 3-2　范例 ch03_02.htm 的执行结果

在上述范例中，浏览器先执行"JavaScript 好简单!"，然后跳出"欢迎光临"对话窗口。

事件驱动

浏览器读入网页后就会加载 JavaScript 程序代码，不过必须等到用户单击事件（例如单击链接、单击鼠标左键、单击按钮）才会触发 JavaScript 程序的执行，可参考下面的范例。

范例：ch03_03.htm

```
<html>
<head>
<meta charset="utf-8">
<title>ch03_03</title>
<script>
    function txt(){
        alert("欢迎光临");
    }
</script>
</head>
<body>
                                          调用 txt 函数
                                              ↓
<input type="button" value="打开欢迎窗口" onclick="txt()">
</body>
</html>
```

执行结果如图 3-3 所示。

单击按钮才会
显示对话窗口

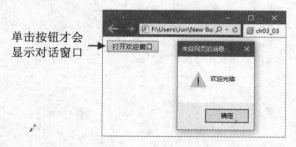

图 3-3　范例 ch03_03.htm 的执行结果

范例中放置了一个按钮，并添加了"onclick"事件，当用户单击按钮时就会调用并执行 txt()函数。

编写 JavaScript 程序有以下 3 个注意事项：

❋ 英文字母区分大小写

JavaScript 区分大小写，无论是函数还是变量都要区分，例如 change、CHANGE 和 Change 对 JavaScript 来说是不同的。大部分语句都使用小写，有些函数会使用大写，例如日期声明 new Date() 不能写成 new date()。

❋ 结尾分号

编写 JavaScript 程序时一般会在每行语句结尾加上分号（;），表示一条完整语句的结束，不过这不是硬性规定，程序结尾不加分号仍可以正常执行。一种情况除外，将程序语句写在同一行时必须用分号（;）分开，例如：

```
x=1;  y=2;
```

为了程序的易读性以及日后方便维护，建议在每一行语句结尾加上分号（;）。

❋ 注释

JavaScript 的注释分为"单行注释"和"多行注释"。单行注释使用双斜线（//），多行注释使用斜线星号（/*...*/）。

```
<script>
//这是单行注释

/*这是多行注释
语句说明：
程序编写者：Eileen 编写日期：20160228
功能：计算总和
*/
</script>
```

3-1-2   链接外部 JS 文件

在开发网页的过程中，经常会在不同文件中使用同一段 JS 程序代码，这时可以将程序代码保存成扩展名为 js 的文件，嵌入文件后就可以直接使用了。

链接外部 JS 文件有以下 3 个优点。

- JS 程序代码可重复使用。
- HTML 和 JavaScript 代码分离让文件更容易阅读和维护。
- 高速缓存的 JavaScript 文件有利了网页加载（关于"高速缓存"的内容请参考后面的学习小教室）。

嵌入外部样式文件的语句如下：

```
<script src="js 文件的路径/文件名"></script>
```

被嵌入的 js 文件不加入 <script></script> 标签，同样可以利用记事本类的文字编辑工具编写 JS 程序。

举例来说，如果范例 ch03_03 要改成外部 JS，只要将下列程序代码保存为扩展文件名为 js 的文件就可以了。

```
function txt(){
    alert("欢迎光临");
}
```

上述语句笔者已保存为 ch03_04.js，下面跟着范例练习将 js 文件嵌入文件中。

范例：ch03_04.htm

```
<html>
<head>
<meta charset="utf-8">
<title>ch03_04</title>
<script src="ch03_04.js"></script>
</head>
<body>
<input type="button" value="打开欢迎窗口" onclick="txt()">
</body>
</html>
```

执行结果如图 3-4 所示。

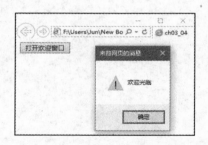

图 3-4　范例 ch03_04.htm 的执行结果

学习小教室

关于浏览器的快取（cache）功能

所谓浏览器高速缓存（cache，也称"快取"），是指浏览网页时浏览器会暂存网页上的静态资源，包括外部 css 文件、js 文件以及图像文件等，当用户再次浏览同一个网页时，这些静态资源不会被重新加载。优点是可以加快网页加载的速度，同时能减少服务器的负担；缺点是修改这些静态资源后，如果高速缓存时间还未到期，浏览器就只会显示暂存的旧数据，除非用户清除高速缓存区的内容或使用"Ctrl＋F5"键强制重新加载。

为了避免用户浏览旧数据，建议读者修改 CSS 文件、JS 文件或图像文件后，在链接的外部文件名后方加上问号（?）和任意字符串，例如：

```
<script src="txt.js?v001"></script>
```

如此一来，浏览器就会认为网址不同，从而向服务器要求重新加载。

任意字符串可以是英文字母或数字，读者可以自定义版本号或日期，只要不与旧版本重复就行，例如：

```
txt.js?20160215
txt.js?a1
```

3-2　变量与基本数据类型

简单来说，"程序"就是告诉计算机用哪些数据（Data）按照指令一步步完成操作。这些数据会存储在内存中，为了方便识别，我们称其为"变量"。为了避免浪费内存空间，每个数据会按照需求给定不同的内存大小，因此有了"数据类型"（Data Type）加以规范。JavaScript 对于数据类型的声明与一般程设计序语言有很大差异，本节来看 JavaScript 的变量以及数据类型。

3-2-1　JavaScript 变量、常数与数据类型

程序设计语言的数据类型按照类型检查方式可区分为静态类型（Statically-Typed）与动态类型（Dynamically-Typed）。

静态类型

编译时会检查类型，因此使用变量前必须进行明确的类型声明，执行时不能任意更改变量的类型，像 Java、C 语言就属于这类程序设计语言。例如，声明变量 number 为 int 整数类型，默认值是 10，当 number 的值改为字符串 apple 时，在编译阶段就会因类型不符而造成编译失败。

```
int number = 10;
number = "apple";  //编译失败
```

动态类型

编译程序不会事先进行类型检查，而是在执行时按照值决定类型，因此变量使用前不需声明类型，同一个变量还可以指定不同类型的值，JavaScript 就属于这种动态类型。例如，声明变量 number 的默认值是 10，当 number 的值改为字符串 apple 时，自动转换类型。

```
var number = 10;
number = "apple";
```

JavaScript 使用关键词 var 定义变量，用 const 定义常数。变量与常数都会有独一无二的名称，也称为"标识符"。标识符通常具有描述性，最好让其他人一看就能了解标识符的用途。标识符需注意的命名规则如下：

- 必须是唯一的，不能重复。
- 开头第一个字符只能用英文字母、下划线（_）以及货币符号（$）。

- 第二个字母后可用字母、数字、下划线（_）以及货币符号（$）。
- 不能使用空格以及其他特殊符号。

表 3-1 列出了 4 个可用的标识符和 4 个不可用的标识符。

表 3-1　四个可用的标识符和四个不可用的标识符

可用的标识符	不可用的标识符
firstname	!userage
$total	userage!
_username	user name
user_name	001top

下面来看看变量与常数的差别。

变量

声明变量使用"**var**"关键词，语句如下：

```
var 变量名称;
```

声明变量后，变量是空的，可以在声明变量时指定初始值，语句如下：

```
var 变量名称 = 初始值;
```

例如：

```
var number = 10;
```

常数

常数是指在程序里不变的值（例如税率、圆周率），名称通常以大写命名，以便与变量区分。常数的值一旦被定义了就无法改变。声明常数使用"**const**"关键词，语句如下：

```
const 变量名称;
```

常数同样可以在声明时指定初始值，例如：

```
const PI=3.14159
```

虽然 JavaScript 不需要声明变量的数据类型，但是自动转换类型有时会造成非预期的错误，类型无声无息地转换让调试更加困难。所以我们必须熟悉 JavaScript 的数据类型，才能避免类型转换的错误。

JavaScript 有 3 种原始数据类型：String（字符串）、Number（数字）和 Boolean（布尔）；较特殊的复合类型：Object（对象）；还有未定义（undefined）和空（null）。Object（对象）又包含 Function（函数）、Array（数组）、Date（日期），完整的类型如下：

- String（字符串）
- Number（数字）
- Boolean（布尔）
- Object（对象）

➢ Function（函数）

➢ Array（数组）

➢ Date（日期）

● null（空）

● undefined（未定义）

下面一一认识这些数据类型。

3-2-2　基本数据类型

基本数据类型有 3 种：String、Number 和 Boolean。这 3 种基本类型都有各自对应的类，也拥有对象可使用的属性与方法，使用对象属性或方法并不需要手动转换，JavaScript 会自动处理。

String（字符串）

简单来说，字符串就是字符的组合，用一对双引号（"）或单引号（'）把字符括起来，例如"Hello" 'test' "123" "交易序号"等都是字符串。我们可以把字符串当作字符串对象来使用，JavaScript 会自动把字符串转换成字符串对象，这样就可以使用对象的属性和方法，例如：

```
var mystring = "Hello, World!";
document.write(mystring.length);
```

Length 是字符串对象的属性，用来得知字符串的长度。字符串对象的方法如表 3-2 所示。

表 3-2　字符串对象的方法

方法	说明	范例（以 var str="Hello world!"为例）
anchor()	创建一个 HTML 的锚点	str.anchor("myanchor")
big()、small ()、blink()、bold()、italics()、strike()、fixed()、sub()、sup()	大字体、小字体、闪烁字（IE 无效）、粗体、斜体、加上删除线、固定宽度字体、上标、下标	str.big()
fontcolor()	指定字符串颜色	str.fontcolor("red")
fontsize()	指定字符串字体大小	str.fontsize(7)
link()	加上超链接	str.link("http://www.google.com")
charAt()	返回指定索引值的字符，第一个字符的索引值是 0	str.charAt(1)（返回第二个字符 e）
charCodeAt()	返回指定索引值的 unicode 编码	str.charCodeAt(1)（返回第二个字符 e 的 unicode 编码 101）
concat()	合并多个字符串	var str1="Hello " var str2="world!" str1.concat(str2)
indexOf()	返回指定字符串在字符串中首次出现的位置（区分大小写）	str.indexOf("world")（返回 6）
match()	搜索字符串，返回符合的字符串（可用正规表达式）	str.match("world")（返回 world）

方法	说明	范例（以 var str="Hello world!"为例）
replace()	替换字符串	str.replace("Hello", "Hi")
search()	搜索字符串	str.search("world")（返回 6）
slice()	取得部分字符串（从起始值到结束值 -1 的字符，起始值允许为负数，表示字符串倒数第几个字符）	str.slice(6)（返回 world!） str.slice(6,8)（返回 wo）
substring()	取得部分字符串，与 slice()类似，起始值不允许为负数	str.substring(6,8)（返回 wo）
split()	分割字符串，返回字符串数组	str.split(" ")（返回 Hello,world!）
toLowerCase()	把字符串变成小写	str.toLowerCase()
toUpperCase()	把字符串变成大写	str.toUpperCase()
valueOf()	返回对象原始值（primitive value）	str.valueOf()

Number（数字）

JavaScript 不区分整数与浮点数，所有数字都采用 IEEE 754 双精确度 64 位格式存储，IEEE 754 标准的浮点数不能精确地表示小数，所以在进行小数点运算时必须小心，例如：

```
var a = 0.1 + 0.2;
```

上式 a 的值不等于 0.3，而是 0.30000000000000004。这不是 JavaScript 独有的问题，所有程序设计语言的浮点数运算都会有精确度的问题。这是因为计算机只认识 0 和 1，在将十进制转换成二进制计算时会产生精确度误差，大多数程序设计语言已经针对精确度问题进行了处理，而 JavaScript 必须手动排除这个问题。当然，这对运算结果的影响微乎其微，如果想避免这样的问题，有两种方式可以尝试：

（1）将数值比例放大，变成非浮点数，运算后再除以放大的倍数，例如：

```
var a= (0.1* 10 + 0.2 * 10) / 10;
```

（2）使用内建的 toFixed 函数强制取得小数点的指定位数，例如：

```
a.toFixed(1);
```

如此一来，得到的值就会是 0.3 了。

我们也可以利用内建的 parseInt() 函数将字符串转换成整数。字符串以"0x"开头，parseInt() 会解析为十六进制的整数；字符串以 0 开头，会解析为八进制的整数；1~9 开头则解析为十进制的整数。这个函数的第二个参数可设置进位制，例如将字符串 19 强制转换为十进制的整数：

```
parseInt("19",10);
```

如果字符串不是数字，就返回 NaN（Not a Number，即不是一个数字）。我们可以用内建的 isNaN()函数判断是不是数字，返回值为 false 表示是数字，true 表示非数字。

```
isNaN("09");  //返回 false
isNaN("a");   //返回 true
```

Boolean（布尔）

Boolean 只有两个值，true（真）或 false（假），任何值都可以被转换成布尔值。

（1）false、0、空字符串 ("")、NaN、null 以及 undefined 都会成为 false。

（2）其他值会成为 true。

我们可以用 Boolean() 函数将值转换成布尔值，例如：

```
Boolean(0)    //false
Boolean(123)  //true
Boolean("")   //false
Boolean(1)    //true
```

通常，JavaScript 遇到需要接收布尔值时，会无声无息地进行布尔转换，很少需要用到 Boolean() 函数帮助转换。

3-2-3　对象

对象是 JavaScript 中特殊的数据类型，JavaScript 的对象可分为 3 类：

（1）内建的对象，例如 Date（日期）、Math（数学）、Array（数组）、String（字符串）。

（2）根据 HTML 文件结构所创建的文档对象模型（Document Object Model，DOM），如 window、document。

（3）用户自定义的对象。

内建的对象会在后面的各个小节中陆续说明，文档对象模型（DOM）在 3-3 节有完整的说明，现在来看用户自定义的对象。

对象是一堆"名称与数值的组合"（name-value pair），对象的外观、特征可以使用属性（Attribute）描述，方法（Method）能让对象产生特定的行为（动作或操作）。对象及其属性和方法的结构示意图如图 3-5 所示。

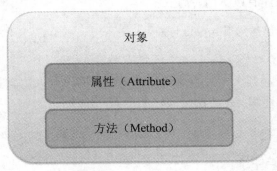

图 3-5　对象及其属性和方法的结构示意图

举例来说，我们想要制作一个名称为 cat（猫）的对象，并且定义两个属性名称（Name、Age）和一个方法（run）：

```
var cat= function (catName,catAge){
    this.Name = catName;                          属性（Attribute）
    this.Age=catAge;
    this.run = function(){
        document.write("<br>它跑走了!");            方法（Method）
    };
};
```

上述 function 被称为构造函数（Constructor Function），var cat= function ()和 function car() 作用相同，this 关键词代表当前的对象，对象创建完成后可以使用 new 关键词实现（即实例化）。例如，实例化一只名为 kitty 的 5 岁猫，可以如下表示：

```
var kitty=new cat("kitty",5);
```

提示

"new"与"this"这两个关键词经常一起使用，"new"的作用是创建一个新对象并调用构造函数，函数里的 this 指向新对象。如此一来，不需要管构造函数被谁调用，对于程序编写的方便性或可读性来说都相当方便。

kitty 对象实例化完成后就可以使用点（.）调用对象的属性与方法。由于方法是匿名函数，因此必须用一对括号调用，语句如下：

```
document.write(kitty.Name+"是一只"+kitty.Age+"岁的猫"); //调用属性
kitty.run(); //调用方法
```

结果为：

```
kitty 是一只 5 岁的猫
kitty 跑走了!
```

上述方式是 JavaScript 创建对象的方法之一，先创建构造函数，然后使用构造函数以及 new 关键词实例化对象。

JavaScript 创建对象还有以下两种方式：

● 使用 new 关键词创建空对象，语句如下：

```
var obj=new Object();
```

注意，Object 的 O 必须大写，空对象创建完成后同样可以访问其属性和方法。下面同样以 cat 为例加入 name 属性和 run 方法，写法如下：

```
Var cat=new Object();
cat.name = "kitty";
cat.run= function() {
return "<br>它跑走了!' ;
};
```

run 方法的匿名函数中使用了 return 关键词，用途是返回值给调用者。

对象的属性也可以用下面的方式存取：

```
cat["name"] = "kitty";
var name = cat["name"];
```

- 使用大括号{}创建空对象，语句如下：

```
var obj = {};
```

也可以一次把对象初始化，例如：

```
var cat = {
    name: "kitty",
    details: {
        color: "橙",
        age: 5
    }
}
```

上述语句使用了两个属性创建 cat 对象。其中，details 属性也是对象，并有自己的属性 color 和 age。

3-2-4　函数

在上一小节中，我们已经介绍了构造函数创建对象的方法，相信读者已经对函数有了一些认识。事实上，JavaScript 函数被视为第一级对象（First-Class Object），因为该函数拥有属性与方法，也可以传入参数或返回结果。

通常，我们将可以重复使用的程序代码写成函数，这样不但可以使程序变得更精简，而且不须重复编写程序代码，节省了程序开发的时间。

函数的操作有定义函数和调用函数两个步骤。

定义函数的方法如下：

```
function 函数名称(参数1,参数2)
{
    JavaScript 语句
    ...
    ...
    return(返回值)    //有返回值时才需要
}
```

使用 function 关键词声明函数在执行时就会产生与函数同名的对象，当我们调用函数时使用括号"( )"运算符就可以调用函数，格式如下：

```
函数名称(传入值1,传入值2)
```

现在来看一个范例。

范例：ch03_05.htm

```
<html>
<head>
<meta charset="utf-8">
```

```
<title>ch03_05</title>
<script>        ——— 调用 sum 函数
function sum(x, y) {   //声明 sum 函数，并有 x，y 两个参数
    return x + y;
}
document.write(sum(1, 2));
</script>
</head>
</html>
```

执行结果如图 3-6 所示。

图 3-6　范例 ch03_05.htm 的执行结果

在执行网页时会调用 sum()函数并传入 x=1、y=2，返回值等于 3。除了具名函数外，还可以声明匿名（Anonymous）函数，语句如下：

```
var sum = function(x, y) {
    return x + y;
};
```

3-2-5　数组

数组可以用来存储数据，数组内的数据为该数组的元素（element），数组内的数据项数为该数组的长度（length）。

对 JavaScript 来说，数组只是一种特殊的对象，对象和数组的处理方式几乎相同，都可以有属性和方法。

数组的声明方式可以使用数组实体或 Array 构造函数创建，以下 3 种方式都可以创建数组：

```
var animals = ["狮子", "老虎", "兔子"];
var animals = new Array("狮子", "老虎", "兔子");
var animals = Array("狮子", "老虎", "兔子");
```

声明数组后就可以存取数组内的数据，取得数组中数据的方式如下：

```
数组名[下标值]
```

下标值（index，也称为索引值）是指数组内数据的位置，从 0 开始。例如，想取得 animals 数组中的第二项数据"老虎"，可以这样表示：

```
animals[1]
```

数组具有 length 属性，可以得知数组的长度，写法如下：

```
animals.length
```

也可以先创建空数组，再把值代入数组元素。如此一来，就能灵活运用数组，语句如下：

```
var animals = [];      // 声明空数组
animals[0] = '狮子';   //指定数组值
animals[1] = '老虎';
animals[2] = '兔子';
```

使用 push()方法可以把元素添加到数组的末端，用法如下：

```
animals.push('大象');
```

下面来看数组的实现范例。

范例：ch03_06.htm

```html
<html>
<head>
<meta charset="utf-8">
<title>ch03_06</title>
<script>
var animals = [];

animals[0] = '狮子';
animals[1] = '老虎';
animals[2] = '兔子';

document.write("animals 数组有哪些动物?<br>"+animals);
document.write("<br>")
document.write("animals 数组有几种动物?<br>"+animals.length+"种");

</script>
</head>
</html>
```

执行结果如图 3-7 所示。

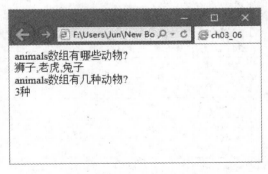

图 3-7　范例 ch03_06.htm 的执行结果

3-2-6　日期

JavaScript 并没有现成的日期函数可供使用，必须在声明日期对象（Date）后，调用方法设置、获取日期和时间，声明方式如下：

```
var today= new Date();
```

括号()内可以输入多种参数，如果没有提供参数，就直接获取计算机现在的日期与时间，参数可以是下面任意一种形式：

- 月、日、年、时:分:秒（字符串），例如 new Date("February 20, 2016 13:30:00")。月份可用缩写，如 February 可用 Feb 代替。
- 年-月-日（字符串），例如 new Date("2016-02-20")。
- 年/月/日(字符串)，例如 new Date("2016/02/20")。
- 年、月、日（整数），例如 new Date(2016,1,20)。
- 年、月、日、时、分、秒(整数)，例如 new Date(2016,1,20,13,30,0)。

> **提示**
>
> 日期以整数输入时，需注意大部分值从 0 开始，例如：
>
> 秒和分：0～59
> 时：0～23
> 星期：0（星期日）～6（星期六）
> 日：1～31
> 月：0（一月）～11（十二月）
> 年：从 1900 年起

创建 Date 对象后就可以用 set 方法与 get 方法设置与获取时间。Date 对象有许多种方法可以使用，常用的方法如表 3-3 所示。

表 3-3　Date 对象的方法

方法（Method）	说明
getFullYear()	获取年份
getMonth()	获取月份（0~11）
getDate()	获取一个月的一天（1~31）
getDay()	获取星期（0~6）
getHours()	获取小时（0~23）
getMinutes()	获取分钟（0~59）
getSeconds()	获取秒数（0~59）
getTime()	获取时间（以 1970 年 1 月 1 日 00:00:00 起算，单位毫秒）
setFullYear ()	设置年份
setMonth()	设置月份（0~11）
setDate()	设置一个月的一天（1~31）

（续表）

方法（Method）	说明
setHours()	设置小时（0~23）
setMinutes()	设置分钟（0~59）
setSeconds()	设置秒数（0~59）

下面来看日期对象实际操作的例子。

范例：ch03_07.htm

```
<html>
<head>
<meta charset="utf-8">
.<title>ch03_07</title>
<script>
function nowtt() {
  var time = new Date();
  var year = time.getFullYear();
  var month = time.getMonth()+1;
  var day = time.getDate();
  var hour = time.getHours();
  var minute = time.getMinutes();
  var second = time.getSeconds();

  var temp =year+"/"+month+"/"+day+" "+ hour +":" +minute+":"+second;
  return temp;
}
document.write("现在的日期时间是：<br>");
document.write(nowtt());
</script>
</head>
</html>
```

执行结果如图 3-8 所示。

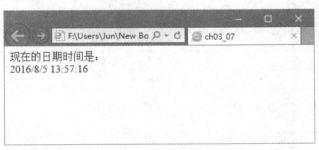

图 3-8　范例 ch03_07.htm 的执行结果

3-2-7　数学

JavaScript 已经预先定义好了 Math 对象，提供了许多数学常数、函数的属性和方法，使用时不需要使用 new 关键词创建对象，直接在开头加上 Math.就可以操作 Math 的属性和方法。例如，获取圆周率的代码如下：

```
var pi_value = Math.PI;
```

除了圆周率外，Math 对象还提供了其他属性，如表 3-4 所示。

表 3-4　Math 对象提供的其他属性

属性	说明
E	数学常数 E（约等于 2.718）
LN2	ln 2（2 的自然对数，约等于 0.693）
LN10	ln 10（10 的自然对数，约等于 2.302）
LOG2E	log 2 e（约等于 1.442）
LOG10E	log 10 e（约等于 0.434）
PI	圆周率（约等于 3.1415）
SQRT1_2	2 的平方根的倒数（约等于 0.707）
SQRT2	2 的平方根（约等于 1.414）

Math 对象的方法就是标准的数学函数，包括三角函数、对数函数、指数函数等，如表 3-5 所示。

表 3-5　Math 对象的方法

方法	说明
Abs(x)	绝对值
sin(x), cos(x), tan(x)	标准三角函数，参数以弧度为单位
acos(x), asin(x), atan(x), atan2(x)	反三角函数，返回值以弧度为单位
exp(x), log(x)	指数函数和以 e 为底的自然对数
ceil(x)	大于参数的最小整数，相当于无条件进位
floor(x)	小于参数的最大整数，相当于无条件舍去
min(x,y), max(x,y)	两个参数中最大或最小的数
pow(x,y)	以 x 为底的 y 次方
random()	介于 0 和 1 之间的随机数
round(x)	四舍五入的整数
sqrt(x)	平方根

通过下面的范例可以更清楚的了解 Math 对象的用法。

范例：ch03_08.htm

```
<html>
<head>
<meta charset="utf-8">
<title>ch03_08</title>
<script>
```

```
document.write("E = " + Math.E);
document.write("<br>LN2 = " + Math.LN2);
document.write("<br>LOG2E = " + Math.LOG2E);
document.write("<br>PI = " + Math.PI);
document.write("<br>SQRT2 = " + Math.SQRT2);
document.write("<br>3.14 四舍五入 = " + Math.round(3.14));
document.write("<br>3.14 无条件进位 = " + Math.ceil(3.14));
document.write("<br>3.14 无条件舍去 = " + Math.floor(3.14));
document.write("<br>9 的平方根 = " + Math.sqrt(9));
document.write("<br>取随机数 = "+Math.random());
</script>
</head>
</html>
```

执行结果如图 3-9 所示。

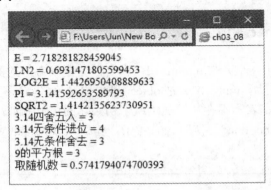

图 3-9　范例 ch03_08.htm 的执行结果

范例中使用了 random 方法，是在 0~1 间取随机数，执行此程序得到的随机数可能与范例中的不同，当然也有可能相同，只是概率很小。

如果想获取 1~5 之间的随机整数，程序该怎么写呢？可以参考下面的范例。

范例：ch03_09.htm

```
<html>
<head>
<meta charset="utf-8">
<title>ch03_09</title>
<script>
var n=Math.ceil(Math.random()*5);
document.write ("随机取 1~5 的整数：");
document.write (n);
</script>
</head>
</html>
```

执行结果如图 3-10 所示。

图 3-10　范例 ch03_09.htm 的执行结果

范例中将随机数乘以 5，再以无条件进位法取整数，得到 1~5 的随机整数。程序写法有很多种，范例只是供参考的编写方法之一。使用 parseInt()和 Math.floor()产生随机数 0~4，再将结果加 1，也可以得到相同的结果，语句如下：

```
var n=parseInt(Math.random()*5,10)+1
var n=Math.floor(Math.random()*5)+1
```

3-2-8　null 和 undefined 的差异

在 JavaScript 里，null（空）与 undefined（未定义）是很奇妙的两个对象，看起来都表示无值，事实上两者差异很大，null（空）是 object 类型的对象，表示无值；undefined（未定义）是 undefined 类型的对象，表示不存在的变量或未初始化的值。例如，声明一个变量而未指定值，该变量的类型就是 undefined。使用 typeof()函数可以得知对象的类型，语句如下：

```
typeof(null);          //得到 object
typeof(undefined);     // 得到 undefined
```

使用等于运算符（==）比较 null 和 undefined 时会返回 true，这两者是相同的，所以必须用严格的等于运算符（===）进行比较才能得到正确的答案。

```
document.write(undefined == null);    //得到 true
document.write(undefined === null);   //得到 false
```

3-3　JavaScript 与 DOM

JavaScript 还有一种对象，是 HTML 文件结构所创建的文档对象模型（Document Object Model，DOM）。本节来看 HTML 文件有哪些对象可以操作，又有哪些属性与方法。

3-3-1　文档对象模型

W3C 发布了一套 HTML 与 XML 文件使用的 API，即文档对象模型（Document Object Model，DOM），试图让各个浏览器遵守这个模型来开发，定义了网页文档结构的呈现（representation）。这个结构以 window 为顶层，window 内还包含许多其他对象，例如页框（frame）、文档（document）等，文档中有图像（image）、窗体（form）、按钮（button）等对象，如图 3-11 所示。

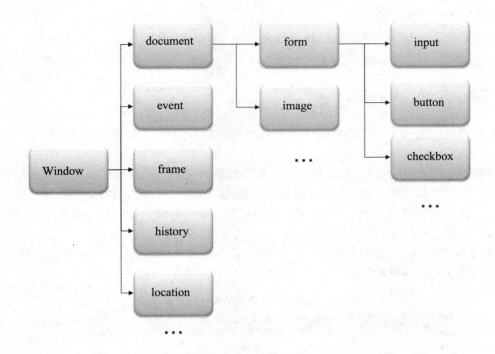

图 3-11　网页文档结构示意图

只要通过 id、name 属性或 forms[]、images[]等对象集合就能获取对象，并且可以使用对象各自的属性与方法。

例如，想要利用 JavaScript 在网页文件里显示"欢迎光临"的文字。网页文件本身的对象是 document，是 window 的下层，可以如下表示：

```
window.document.write("欢迎光临")
```

因为 JavaScript 程序代码与对象在同一页，所以 window 可以省略不写。我们常看到的表示法如下：

```
document.write("欢迎光临")
```

write()是 document 的方法，用来将数据显示在 HTML 文件中，并在输出后显示在浏览器上。

属性

属性（Property）的表示方法如下：

```
对象名称.属性
```

目的是设置或取得对象的属性内容，例如：

```
document.title
```

title 是 document 的属性，是指网页的标题。如果要设置页标题就可以用等号（=）指定，语句如下：

```
document.title ="My title"
```

如果要取得页标题，直接读取 title 属性就可以了，例如下式：

```
document.write(document.title)
```

3-3-2　JavaScript 事件处理

用户在网页上的一举一动都可以使用 JavaScript 语言进行检测，在 JavaScript 中称为事件（Event）。

简单来说，事件（Event）是由用户操作或系统所触发的信号。例如，用户按鼠标键、提交窗体或在浏览器加载网页时，这些操作会产生特定的事件，可以利用特定的程序处理这个事件。这种工作模式叫做事件处理（Event Handling），负责处理事件的程序就称为事件处理程序（Event Handler）。

事件处理程序通常与对象相关，不同的对象会支持不同的事件处理程序。表 3-6 是 JavaScript 常用的事件处理程序。

表 3-6　JavaScript 常用的事件处理程序

事件处理程序（Event Handler）	
onclick	鼠标单击对象时
onmouseover	鼠标经过对象时
onmouseout	鼠标离开对象时
onkeydown	按键盘按键
onkeypress	按下或按住键盘按键
onkeyup	放开键盘按键
onload	加载网页时
onunload	离开网页时
onerror	加载发生错误时
onabort	停止加载图像时
onfocus	窗口或窗体组件获得焦点时
onblur	窗口或窗体组件失去焦点时
onselect	选择窗体组件的内容时
onchange	改变字段的数据时
onreset	重置窗体时
onsubmit	提交窗体时

学习小教室

当网页程序代码较多时，想要处理窗体组件不仅要替每个组件加入事件控制，还要回到 script 区编写事件函数，只是在文件中上下滚动就是件烦人的事。这时，可以使用 addEventListener()函数注册事件的处理函数，例如在单击名为 btn 的按钮时调用 sum()函数，可以这样表示：

```
btn.addEventListener("click",sum);
```

　　如果要在多个按钮上调用函数，只要多加几行 addEventListener()函数即可，不需要回到按钮上添加触发事件。

　　addEventListener 注册可以在加载网页时执行，只要将函数指定在 window 的 onload 事件就可以了，语句如下：

```
<script>
   window.onload = function()
  {
    //单击按钮时就会调用 sum 函数
  btn.addEventListener("click",sum);
  }

  function sum(){
      //sum 函数执行语句
  }
</script>
<button id="btn">计算</button>     <!--按钮不需要加 onclick 事件-->
```

　　获取页面中的组件除了使用 name 属性外，还可以用 id 属性或 class 属性获取想要控制的组件。例如，HTML 文件有如下文本字段：

```
<input type="text" id="mytxt_div" class="mytxt_class" value="123" >
```

　　想要用 id 属性获取文本字段的值，程序代码可以这样写：

```
document.getElementById("mytxt_div").value;
```

　　想要用 class 属性获取文本字段的值，程序代码可以编写如下：

```
document.getElementsByClassName("mytxt_class")[0].value;
```

　　id 属性名称在同一个文件中是唯一的；class 属性名称是可以重复的，因此调用时必须指定索引值。

　　下面的范例使用 id 属性绑定按钮的 click 事件。

范例：ch03_10.htm

```
<html>
<head>
<meta charset="utf-8">
<title>ch03_10</title>
<script>
window.onload = function()
{
    document.getElementById("btn_red").addEventListener("click",
ChangeFontColor);
}

function ChangeFontColor(){
    var OriginalFont=document.getElementById("str").innerHTML;
```

```
        document.getElementById("str").innerHTML="<font color='red'>"
+OriginalFont+"</font>";
    }
    </script>
    </head>
    <body>
    <p id="str">将文字变色</p>
    <input type="button" id="btn_red" value="文字颜色改为红色">
    </body>
    </html>
```

执行结果如图 3-12 所示。

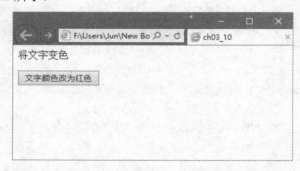

图 3-12　范例 ch03_10.htm 的执行结果

innerHTML 语句用来存取组件的内容，经常与 div 组件或 span 组件一起使用。

3-4　JavaScript 流程控制

程序执行时默认会以编写顺序执行，我们可以通过一些逻辑改变程序执行的流程。流程控制需要进行一些逻辑运算，这时需要用到运算符。下面来看运算符及其用法。

3-4-1　运算符

比较运算符

比较运算符用来判断条件式两边的操作数是否相等、大于或小于等。表 3-7 为常用的比较运算符。

表 3-7　常用的比较运算符

比较运算符	说明	范例
>	若左边的值大于右边的值则成立	a > b
<	若左边的值小于右边的值则成立	a < b
==	若两者相等则成立	a == b
!=	若两者不相等则成立	a != b
>=	若左边的值大于或等于右边的值则成立	a >= b

（续表）

比较运算符	说明	范例
<=	若左边的值小于或等于右边的值则成立	a <= b
===	若操作数相等且类型相同时则成立	a===b
!==	若操作数不相等或类型不相同时则成立	a!==b

大多数情况下，在左右两边操作数类型不相同时，JavaScript 会为了比较而把操作数转换为适当的类型，只有===和!==这两个严格的运算符例外，在检查相等之前不会自动转换类型，例如：

```
alert(3=='3')    //得到 true
alert(3==='3')   //得到 false
```

算术运算符

算术运算符的用法如表 3-8 所示。

表 3-8　算术运算符的用法

算术运算符	说明	范例
+	加	a+b
-	减	a-b
*	乘	a*b
/	除	a/b
%	取余数	a%b
--	递减	a--（先返回 a，然后 a 减 1） --a（a 先减 1，然后返回 a）
++	递增	a++（先返回 a，然后 a 加 1） ++a（a 加 1，然后返回 a）

逻辑运算符

逻辑运算符的用法如表 3-9 所示。

表 3-9　逻辑运算符的用法

逻辑运算符	说明	范例
&&	AND 运算（左、右两边都成立时才返回真）	a && b
||	OR 运算（左、右两边有一边成立就返回真）	a || b

赋值运算符

赋值运算符的作用是将数据值赋给变量，例如：

```
a = 5;
```

除了单一的赋值运算符外，赋值运算符还可与其他运算符结合成复合赋值运算符，例如：

```
a += 5;        //相当于 a = a + 5
a -= 5;        //相当于 a = a - 5
```

字符串

"+"号可以用来连接两个字符串，例如：

```
a = "abc" + "def";    //a 等于 abcdef
```

表达式如果有数字也有字符串，只要其中的值是字符串，其后的值就会转换成字符串，然后连接起来，例如：

```
var  a = 3 + 10 + "abc";   //a 等于 13abc
var  b = "abc" + 3 + 10;   //b 等于 abc310
```

3-4-2 if...else 条件判断语句

if...else 的作用是判断条件是否成立，当条件成立（true）时执行 if 里的语句，条件不成立时（false）执行 else 里的语句。

if...else 条件判断语句的语句如下：

```
if(条件判断式){
    //如果条件成立，就执行 if 里的语句
}else{
    //如果条件不成立，就执行 else 里的语句
}
```

例如，判断 a 变量的内容是否大于或等于 b 变量内容，条件判断语句可以这样写：

```
if(a>=b){
    //如果 a 大于等于 b，就执行 if 里的语句
}else{
    //如果 a 不大于或等于 b，就执行 else 里的语句
}
```

如果条件不成立，就不执行任何语句。可以省略 else 语句，格式如下：

```
if(条件判断式){
    //如果条件成立，就执行这里面的语句
}
```

此外，如果条件判断式不止一个，就可以在 else 语句后加上 if 条件语句，格式如下：

```
if(a==b){
    //如果 a 等于 b，就执行这里面的语句
}else if(a>b){
//如果 a 大于 b，就执行这里面的语句
}else if(a<b){
//如果 a 小于 b，就执行这里面的语句
}
```

3-4-3　for 循环

当程序需要重复执行某些指令时可以使用 for 循环，语句结构如下：

```
for (起始值 ; 条件判断式 ; 增减值) {
//如果条件成立，就执行这里面的语句
}
```

例如，要显示数字 1~10，可以写成如下语句：

```
for (i=1; i<=10; i++) {
    document.write( i + "<br>");
}
```

i 的起始值是 1，当 i 小于或等于 10 时就会执行循环里的语句。每一次执行完 for 循环语句，i 就会加 1。如果 i 大于 10，就不符合条件判断式，这时就会跳离 for 循环。

在 for 循环语句中加入 for 循环语句就是嵌套循环。下面的范例使用两个 for 循环制作九九表。

范例：ch03_11.htm

```html
<html>
<head>
<meta charset="utf-8">
<title>ch03_11</title>
<script>
document.write("<table border=0>");
for(j = 1; j < 10; j++) {
    for(i = 2; i < 10; i++) {
        var tmp = i * j;
        document.write("<td style='width:80px'>" + i + "*" + j + " = " + tmp
+ "</td>");
    }
    document.write( "</tr>" );
}
document.write("</table>");
</script>
</head>
</html>
```

执行结果如 3-13 所示。

2*1 = 2	3*1 = 3	4*1 = 4	5*1 = 5	6*1 = 6	7*1 = 7	8*1 = 8	9*1 = 9
2*2 = 4	3*2 = 6	4*2 = 8	5*2 = 10	6*2 = 12	7*2 = 14	8*2 = 16	9*2 = 18
2*3 = 6	3*3 = 9	4*3 = 12	5*3 = 15	6*3 = 18	7*3 = 21	8*3 = 24	9*3 = 27
2*4 = 8	3*4 = 12	4*4 = 16	5*4 = 20	6*4 = 24	7*4 = 28	8*4 = 32	9*4 = 36
2*5 = 10	3*5 = 15	4*5 = 20	5*5 = 25	6*5 = 30	7*5 = 35	8*5 = 40	9*5 = 45
2*6 = 12	3*6 = 18	4*6 = 24	5*6 = 30	6*6 = 36	7*6 = 42	8*6 = 48	9*6 = 54
2*7 = 14	3*7 = 21	4*7 = 28	5*7 = 35	6*7 = 42	7*7 = 49	8*7 = 56	9*7 = 63
2*8 = 16	3*8 = 24	4*8 = 32	5*8 = 40	6*8 = 48	7*8 = 56	8*8 = 64	9*8 = 72
2*9 = 18	3*9 = 27	4*9 = 36	5*9 = 45	6*9 = 54	7*9 = 63	8*9 = 72	9*9 = 81

图 3-13　范例 ch03_11.htm 的执行结果

第 4 章

必学 jQuery 基础

jQuery 是一套开放源代码的 JavaScript 函数库（Library），可以说是当前最受欢迎的 JS 函数库，最让人津津乐道的就是简化了 DOM 文件的操作，让我们可以轻松选择对象，并以简洁的程序完成想做的事情，也可以通过 jQuery 指定 CSS 属性值，达到想要的特效与动画效果。此外，jQuery 还强化了异步传输（AJAX）与事件（Event）功能，可以轻松访问远程数据。

网络上有很多开放源代码的 jQuery 插件，学会 jQuery 后可以轻松应用到自己的网站上。下面我们来认识什么是 jQuery。

4-1　认识 jQuery

前面提到过函数（Function），其优点如下：

（1）使程序代码变得精简。

（2）节省程序开发的时间。

jQuery 是一套 JavaScript 函数库，不但具有函数的优点，而且是开放源代码，也就是任何人都可以获得并使用这些程序，可以自由改进程序，惠及更多用户。下面我们来看为什么要学 jQuery。

4-1-1　jQuery 的优点

jQuery 是一群程序设计者用 JavaScript 语言编写的更直觉、更容易使用的函数，就像 jQuery 官网的口号 "Write less, Do more" 一样，以最少的程序代码就能实现想达到的效果，甚至比想要的效果更好。举例来说，要在 id=btn 按钮绑定 sum()函数，传统的 JavaScript 必须先使用 addEventListener()函数注册事件的处理函数，语句如下：

```
document.getElementById("btn").addEventListener("click",sum);
```

使用 jQuery 时只要编写以下语句即可：

```
$( "#btn" ).click(sum);
```

使用 jQuery 有以下 7 点好处：

（1）官方 API 文件详细提供了教学材料。

（2）文件下载容易，简洁又轻巧，压缩版本大约有 83KB（V2.2.1）。

（3）只要具有 HTML 与 JavaScript 基础，学习 jQuery 相当轻松容易。

（4）jQuery 程序解决了跨浏览器兼容性的问题。

（5）jQuery 选择 HTML DOM 组件并使用 CSS3 选择器，不需另外学习。

（6）有许多免费的插件（plugin）可供使用。

（7）提供了漂亮的 jQuery UI，轻松搞定网站用户界面设计的问题。

在使用 jQuery 前必须导入 jQuery 函数库，开发工具和 HTML5、JavaScript 一样，只要有记事本等文本编辑器就能将编辑好的文件保存成.htm 或.html，并在浏览器浏览和测试。

4-1-2 引用 jQuery 函数库

引用 jQuery 的方式有两种，一种是直接下载 JS 文件并引用，另一种是使用 CDN（Content Delivery Network，内容分发网络）加载链接库。

下载 jQuery

下载网址为：http://jquery.com/，如图 4-1 和图 4-2 所示。jQuery V2.x 后的版本不再支持 Internet Explorer 6/7/8。目前，IE8 以下的浏览器仍很普遍，如果有这类考虑，就可以下载 V1.10.2 版本。

单击 Download 按钮，进入下载网页

图 4-1 下载 jQuery 网页

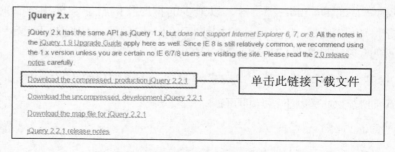

单击此链接下载文件

图 4-2 单击下载链接即可下载 jQuery

网页上有两种格式可以下载：一种是 Download the compressed，production jQuery 2.2.1，这是压缩程序代码的版本，文件较小，下载后的文件名为 jquery-2.2.1.min.js；另一种是 Download the uncompressed，development jQuery 2.2.1，是程序代码未压缩的开发版本，文件较大，适合程序开发人员使用，下载后的文件名为 jquery-2.2.1.js。

在要下载的版本链接上单击即可下载 js 文件。

接着，以嵌入外部 js 文件的方式将文件加入网页 HTML 的<head>标签之间，语句如下：

```
<script src="JS 文件路径"></script>
```

使用 CDN 加载 jQuery

CDN（Content Delivery Network）是内容分发网络，也就是将要加载的内容通过网络系统分发。网友在浏览到网页之前可能已经在同一个 CDN 下载过 jQuery，浏览器已经缓存过这个文件，此时不会重新下载，浏览速度会快很多。Google、微软等都提供 CDN 服务，可以在 jQuery 官网找到相关信息。

jQuery CDN 的 URL 可以在 http://jquery.com/网页中找到，如图 4-3 所示。

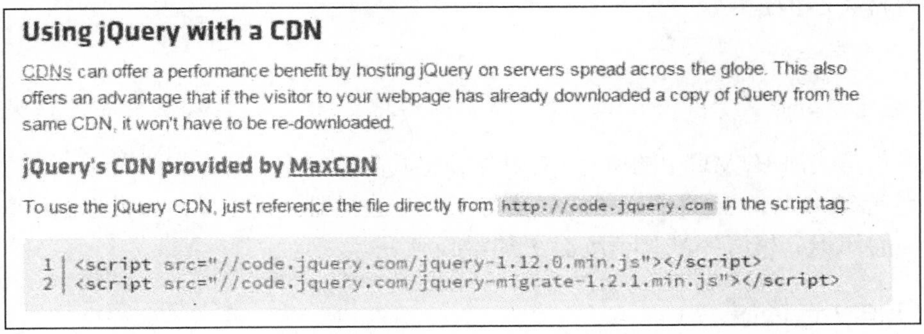

Using jQuery with a CDN

CDNs can offer a performance benefit by hosting jQuery on servers spread across the globe. This also offers an advantage that if the visitor to your webpage has already downloaded a copy of jQuery from the same CDN, it won't have to be re-downloaded.

jQuery's CDN provided by MaxCDN

To use the jQuery CDN, just reference the file directly from `http://code.jquery.com` in the script tag:

```
1 | <script src="//code.jquery.com/jquery-1.12.0.min.js"></script>
2 | <script src="//code.jquery.com/jquery-migrate-1.2.1.min.js"></script>
```

图 4-3　在 http://jquery.com/网页中可以找到 jQuery CDN 的 URL

将网址加入网页 HTML 的<head>标签之间的语句如下：

```
<script src="//code.jquery.com/jquery-1.12.0.min.js"></script>
```

4-2　jQuery 的基础知识

jQuery 并不难，只需要了解基本语句就可以上手。下面我们来看 jQuery 的用法。

4-2-1　jQuery 的基本语句

jQuery 必须在浏览器加载 HTML 的 DOM 对象后才能执行，可以通过.ready()方法确认 DOM 已经全部加载，语句如下：

```
jQuery ( document ).ready(function() {
  // 程序代码
});
```

上述 jQuery 程序代码从 jQuery 开始，可以用货币符号（$）代替，语句如下：

```
$( document ).ready(function() {
  // 程序代码
});
```

$()函数括号内的参数可以指定想要获取哪一个对象，以及想要 jQuery 执行什么方法或处理什么事件，例如.ready()方法。Ready 方法括号内的事件处理函数程序代码在多数情况下会把事件处理函数定义为匿名函数，也就是上述程序代码里的 function() {}。

document ready 是很常用的方法，jQuery 提供了更简洁的写法让我们使用起来更方例，语句如下：

```
$(function(){
    // 程序代码
});
```

jQuery 的使用非常简单，只要指定 DOM 组件执行什么样的操作即可，语句格式如下：

```
$(选择器).动作()
```

例如：

```
$("p").hide();
```

上述语句是找出 HTML 中的所有<p>对象并将其隐藏起来。

jQuery 选择 HTML 元素所用的选择器与 CSS3 选择器大同小异，如果你已经学会 CSS3 选择器方面的知识，相信学习 jQuery 会更加得心应手。

4-2-2 jQuery 选择器

jQuery 选择器用于选择 HTML 组件，我们可以通过 HTML 标签名称、id 属性及 class 属性等获取组件。

标签名称选择器

顾名思义，标签名称选择器就是直接获取 HTML 标签。例如，要选择所有<p>组件可以写成：

```
$("p")
```

id 选择器(#)

id 选择器是通过组件的 id 属性获取组件，只要在 id 属性前加上"#"号即可。例如，要选择 id 属性为 test 的组件可以写成：

```
$("#test")
```

class 选择器(.)

class 选择器是通过组件的 class 属性获取组件，只要在 class 属性前加上"."号即可。例如，要选择 class 属性为 test 的组件，可以写成：

```
$(".test")
```

> **提示**
>
> 由于同一个 HTML 页面的组件不能有重复的 id 属性，因此 id 选择器适用于找出唯一的组件。

我们也可以将上述 3 种选择器组合使用，例如想要找出所有有<P>标签且 class 属性为 test 的组件，语句如下：

```
$("p.test")
```

表 4-1 列出了常用的选择和搜索方法供读者参考。

表 4-1　常用的选择和搜索方法

表示法	说明
$("*")	选择所有组件
$(this)	选择当前正在起作用的组件
$("p:first")	选择第一个<p>组件
$("[href]")	选择有 href 属性的组件
$("tr:even")	选择偶数<tr>组件
$("tr:odd")	选择奇数<tr>组件
$("div p")	选择<div>组件里面包含的<p>组件
$("div").find("p")	搜索<div>组件里的<p>组件
$("div").next("p")	搜索<div>组件之后的第一个<p>组件
$('li').eq(2)	搜索第 3 个<li>组件，eq()是输入组件的位置，只能输入整数，最小为 0

设置 CSS 样式属性

学会了选择器的用法后，除了可以操控 HTML 组件外，还可以使用 css()方法改变 CSS 样式。例如，指定<div>组件的背景色为红色的语句如下：

```
$("div").css("background-color", "red");
```

范例：ch04_01.htm

```
<!DOCTYPE html>
<html>
<head>
<meta charset="utf-8">

<script src="../jquery-2.2.1.min.js"></script>
<script>
$(function(){
    $("li").eq(2).css("background-color", "red");
})
</script>
</head>

<body>
<ul>
  <li>跑步</li>
  <li>游泳</li>
  <li>篮球</li>
  <li>棒球</li>
  <li>桌球</li>
</ul>
</body>
</html>
```

执行结果如图 4-4 所示。

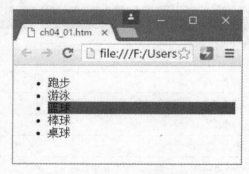

图 4-4 范例 ch04_01.htm 的执行结果

范例中的 jQuery 语句是将第 3 个<li>组件的背景颜色改为红色。

> **提示**
>
> jQuery 语句与 JavaScript 语句一样并不限定使用单引号或双引号，不过必须要成对出现，例如"div" 'div'是正确的，而"div'是不正确的。

4-2-3 jQuery 调试

编写程序难免会遇到错误，从而导致程序无法顺利执行，这时可以通过浏览器所提供的工具协助我们查错和调试。下面以 Chrome 浏览器为例介绍使用"开发者工具"调试的方法。

打开范例文件 ch04_02.htm，范例执行结果与 ch04_01.htm 相同，笔者故意将程序第 10 行 eq(2)中的 2 改成变量 x，程序如下：

```
$("li").eq(x).css("background-color", "red");
```

由于变量 x 并未定义，因此执行时程序会出现错误。从浏览器看不出哪里出错，只能知道程序并未如我们的预期执行。执行结果如图 4-5 所示。

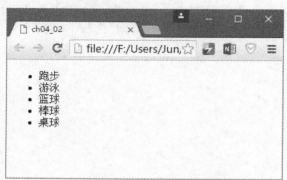

图 4-5 范例 ch04_02.htm 的执行结果，程序中含有未定义的变量

依次单击页面右侧的"自定义和控制" → "更多工具" → "开发者工具"，就会在浏览器下方显示"开发者工具"窗口，如图 4-6 所示。

图 4-6　打开"开发者工具"窗口

提示

按 "F12" 键也可以打开 "开发者工具" 窗口。

从 Console 窗口可以看到错误的行数及原因，单击行数的超链接会在 Sources 窗口显示该行的程序代码，如图 4-7 所示。

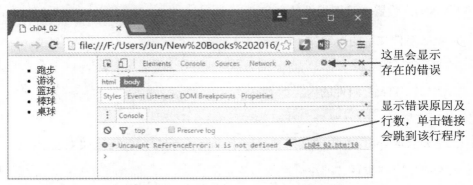

图 4-7　在 Console 窗口可以看到错误语句所在的可能行数及错误的原因

在编写程序的过程中，有时需要测试某些值是否正确，通常通过 alert()方法进行协助。如果测试的是循环，疯狂跳出的 alert 窗口就要一一取消掉，非常麻烦。这时，可以改用 console.log 进行协助，使用的方法与 alert()一样，结果会显示于 console 窗口中，语句如下：

```
console.log(要显示的值)
```

例如：

```
for (var i=1; i <=10; i++) {
console.log(i);
}
```

执行结果会显示于 console 窗口，如图 4-8 所示。

图 4-8　使用 console.log 协助后的执行结果

可以自行编写程序或打开范例 ch04_03.htm，查看执行的结果。

4-2-4　使用 jQuery 存取组件内容

jQuery 有 3 个简单实用的 DOM 组件内容的操作方法，分别是 text()、html()与 val()。如果你还记得 JavaScript 获取组件内容的 innerHtml()语句是如何使用的，就会觉得 jQuery 获取组件内容的语句非常好。下面来看使用 jQuery 获取组件的用法。

text()：设置或获取组件的文字

获取组件文字的语句如下：

```
var x= $(selectors).text();
```

例如，HTML 组件的内容如下：

```
<p><font color='red'>Hello</font></p>
```

想要获取<p>组件内的文字并显示于 console 窗口，就可以如下表示：

```
console.log($("p").text());
```

执行后 Console 窗口会出现 Hello 文字，如图 4-9 所示。

图 4-9　在 Console 窗口中显示获取到的组件文字

想改变组件的内容可以使用以下语句：

```
$("p").text("Hello jQuery");
```

html()：设置并获取组件的 HTML 程序代码

html()语句用来获取组件的 HTML 程序代码，语句如下：

```
var x= $(selectors).html();
```

例如，HTML 组件的内容如下：

```
<p><font color='red'>Hello</font></p>
```

想要获取<p>组件内的 HTML 程序代码并显示于 console 窗口，可以如下表示：

```
console.log($("p").html());
```

执行后 Console 窗口会显示<font color="red">Hello</font>，完整的 HTML 程序代码会一同显示出来，如图 4-10 所示。

图 4-10　Console 窗口显示出获取到的组件的 HTML 程序代码

想要改变组件的内容可以这样写：

```
$("p").html("Hello jQuery");
```

val()：设置并获取窗体组件的值

val()语句通常用于窗体的文字组件，用来获取组件的 value 值，语句如下：

```
Var x= $(selectors).val();
```

例如，HTML 组件的内容如下：

```
<input type="text" id="username" value="Jennifer">
```

想要获取 id 名称为 username 的文本框组件值并显示于 console 窗口中，可以如下表示：

```
console.log($("#username").val());
```

下面的范例融入了 html()与 val()的用法，相信读者能够体会两者的差别。

范例：ch04_04.htm

```
<!DOCTYPE html>
<html>
<head>
<title>ch04_04</title>
<meta charset="utf-8">
```

```
<script src="../jquery-2.2.1.min.js"></script>
<script>
$(function(){
$("#btn").click(function(){
    var a=$("#username").val();
    $("#show_div").html("您输入的是: <font color=red>"+a+"</font>);
    })
})
</script>
</head>
<body>
请输入文字，再单击提交按钮。
<div id="show_div"></div>
<input type="text" id="username" value="">
<br>
<input type="button" id="btn" value="提交">
</body>
</html>
```

执行结果如图 4-11 所示。

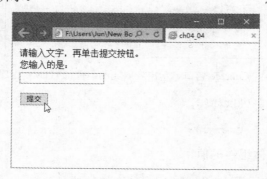

图 4-11　范例 ch04_04.htm 的执行结果

执行程序后，输入文字并单击"提交"按钮，输入的文字就会显示在<div>组件内，如图 4-12 所示。

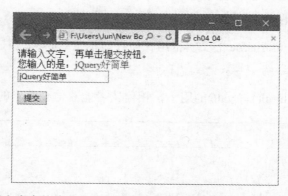

图 4-12　输入文字并单击"提交"按钮，输入的文字就会显示在<div>组件内

第 二 篇

jQuery 实用技术

第 5 章

jQuery 基本功——网页益智游戏

到目前为止，我们已经学会了 HTML、JavaScript、CSS 以及 jQuery 的基本语句，下面开始编写一些实用程序。

学习程序最快速有效的方式莫过于边学边用，本章以一个有趣的小游戏——"数字快快点"作为范例程序，让读者能够打好 jQuery 的基本功。

5-1　组件的设计与制作

"数字快快点"是一款休闲益智的网页游戏，九宫格内会出现未按顺序排列的数字 1~9，玩家必须按照正确顺序从小到大单击数字。这款游戏会用到许多常用的 HTML、CSS 及 jQuery 语句，是一个非常好的锻炼编程基本功的小程序。

我们先来看游戏的界面和功能。

5-1-1　界面和程序功能概述

"数字快快点"游戏共有 1~9 九个数字，放在 3×3 的九宫格中，单击"开始游戏"按钮之后就会开始计时，玩家必须按照正确顺序从小到大单击数字。如果点错数字，九宫格就会从下往上淡出，并出现哭脸以及失败的文字；如果答对了就会出现笑脸以及成功的文字。

初始界面如图 5-1 所示。

图 5-1　初始界面

游戏开始界面如图 5-2 所示。

图 5-2　游戏开始界面

按正确顺序单击数字后的界面如图 5-3 所示。

图 5-3　按正确顺序单击数字后的界面

单击错误顺序后显示的界面如图 5-4 所示。

图 5-4　单击错误后显示的界面

游戏界面部分是由 HTML 和 CSS 语句生成的。由于数字 1~9 按钮的外观一致，因此我们可以利用 JavaScript 程序自动生成，不需要事先在 HTML 内放入 9 个按钮。

在前面的章节中学习过 HTML DOM 的结构，网页文件内每一个组件都是独立的个体，所以我们可以通过程序控制组件的显示和隐藏，也可以通过组件的触发事件对用户的单击动作做出反应。

下面从使用 HTML 和 CSS 制作游戏界面开始介绍。

5-1-2　游戏界面的 HTML

游戏使用的 HTML 组件的程序代码如下：

```
<body>
<div id="start_play">
<button>开始游戏</button> 
所花时间: <span id="num">0</span>秒
</div>
<div id="box_num"></div>
</body>
```

界面总共安排了 4 个组件：两个<div>组件、一个按钮<button>组件以及一个用来显示计时秒数的<span>组件，可参考图 5-5 的示意图。

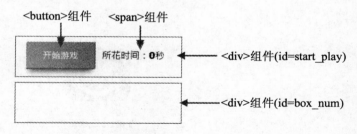

图 5-5　单击错误后显示的界面

5-2　善用 CSS 表现视觉效果

HTML 语句只是描述了组件本身，组件外观或在什么位置要靠 CSS 属性设置。善用 CSS 是相当重要的，下面介绍 CSS 属性。

5-2-1　游戏界面的 CSS

下面的代码就使用了 CSS，内容如下：

```
*{ font-family: "Arial Black","微软雅黑","Microsoft YaHei";}
#box_num{
    height: 400px;
    width: 540px;
    position: absolute;
    top: 50%;
    left: 50%;
    margin-top: -200px;
    margin-left: -270px;

}
button, .div_num {
    border-radius:4px;
    box-shadow: 0px 10px 14px -7px #3e7327;
    cursor:pointer;
    color:#ffffff;
    font-size:50px;
    text-align:center;
    line-height:100px;
    padding:6px 12px;
    width:150px;
    height:100px;
    background: linear-gradient(45deg,  #7abcff 0%,#60abf8 44%,#4096ee 100%);
    transition: background 1s ease-out;
}
```

```
.div_num:hover {
    background: #0099cc;
}

#start_play{
    width:540px;
    margin:0px auto;
    padding:30px;
}
button{
    width:120px;
    height:50px;
    font-size:15px;
    padding:0px;
    line-height:20px;
}
```

上述语句第一行使用了通用选择器*，表示网页所有组件都会套用{}内的 CSS，font-family 指令用来设置字体。下面我们来看控制文字样式和字体的 CSS 属性。

5-2-2　控制文字样式

常用字型的相关属性如表 5-1 所示。

表 5-1　常用字型的相关属性

属性	属性名称	设置值
color	字体颜色	颜色名称 十六进制码 RGB 码
font-family	指定字体样式	字体名称
font-size	字体大小	数值+百分比(%) 数值+单位(pt,px,em,ex)
font-style	文字斜体	Normal（常规） Italic（斜体） Oblique（文字倾斜）
font-weight	文字粗体	Normal（常规） Bold（粗体） Bolder（超粗体） Lighter（细体）

color 字体颜色

color 字体颜色的格式如下：

`color:颜色名称`

例如：

`h1{color:red;}`

color 属性的设置值可以用颜色名称、十六进制（HEX）码以及 RGB 码表示。十六进制码通常为六码，如果前两码、中间两码以及最后两码都一样，就可以用三码的形式呈现。例如，#FFF 和#FFFFFF 都是白色。

font-family 指定字体样式

font-family 指定字体样式的格式如下：

```
font-family: 字体名称1，字体名称2，字体名称3...
```

例如：

```
h1{ font-family: " Arial Black", "楷体";}
```

font-family 用来指定字体样式，可以同时列出多种字体，中间以逗号（,）分隔，浏览器会按顺序寻找系统中符合的字体。如果找不到第一种字体，就找第二种，依次寻找；如果所有字体都找不到，就采用系统默认的字体。字体名称若有空格或是中文，则必须用双引号（"）括起来，例如"Arial Black" "Broadway BT"。

如果希望中英文能套用不同的字体，就可以使用 font-family 指令的特性将 Arial Black 字体放在微软雅黑体的前面，格式如下：

```
*{ font-family: "Arial Black","微软雅黑","Microsoft YaHei";}
```

如此一来，英文字体会先套用 Arial Black 字体，当遇到中文字时 Arial Black 没有中文字体，就会找下一个字体套用，结果是中文套用微软雅黑字体。有些浏览器不支持 CSS 使用中文，所以最好放入中文字体的字体代号，微软雅黑字体的字体代号是 Microsoft YaHei。

font-size 字号

font-size 字号的格式如下：

```
font-size: 字号+单位
```

例如：

```
h1{font-size: 20pt}
```

常见的单位是 cm、mm、pt、px、em 与%，默认值是 12pt，这 6 种单位的介绍如表 5-2 所示。

表 5-2　常见的 6 种单位的介绍

单位	说明	范例
cm	以厘米为单位	font-size:1cm
mm	以毫米为单位	font-size:10cm
px	以屏幕的像素（pixel）为单位	font-size:10px
pt	以点数（point）为单位	font-size:12pt
em	以当前字号为单位 当前字号为 10pt 时 1em=10pt	font-size:2em
%	当前字号的百分比	font-size:80%

学习小教室

单位 pt 与 px 的差别

pt 是印刷用字号单位，无论屏幕分辨率是多少，打印在纸上看起来都是相同的。1pt 的长度是 0.01384 英寸（1/72 英寸），我们常使用的 Word 软件所设置的字号就是以 pt 为单位的。px 是屏幕用字号单位，px 能够精确表示组件在屏幕的位置与大小，无论屏幕分辨率怎么调整，网页版面都不会变化太大，但是打印于纸面上时可能会有差异。网页的目的是为了在屏幕上浏览，因此 CSS 大多会选择以 px 为单位。

font-style 斜体

font-style 斜体的格式如下：

```
font-style: italic
```

例如：

```
h1 { font-style:italic; }
```

font-style 的设置值有 3 种，分别是 normal（常规）、italic（斜体字）及 oblique（文字倾斜）。如果对应的字体有斜体字（italic），italic 与 oblique 效果就是相同的；如果没有，就用 oblique 设置强制倾斜字体。

font-weight 粗体

font-weight 粗体的格式如下：

```
font-weight:bold
```

例如：

```
h1 { font-weight:bold; }
```

font-weight 的设置值可以输入 100~900 之间的数值，数值越大字体就越粗。也可以输入 normal（普通）、bold（粗体）、bolder（超粗体）以及 lighter（细体），normal 相当于数值 400，Bold 相当于数值 700。

5-2-3　网页组件定位的 CSS 语句

id 名称为 box_num 的\<div\>组件主要用来放置数字 1~9，本范例使用 CSS 的定位属性将此组件放在网页中央，下面为读者介绍组件定位的 CSS 属性与用法。

一般定位

CSS 与位置相关的属性如表 5-3 所示。

表 5-3　CSS 与位置相关的属性

属性	属性名称	设置值
position	设置组件位置的排列方式	absolute relative static
width	指定组件宽度	宽度数值
height	指定组件高度	高度数值
line-height	设置行高	高度数值
left	指定组件与左边界的距离（x 坐标）	距离数值
top	指定组件上边界的距离（y 坐标）	距离数值

下面详细说明这些属性的用法。

position 设置组件位置的排列方式

position 属性通常会与<div>标签搭配使用，用来精确定位组件，定位方式有 absolute（绝对位置）与 relative（相对位置）两种，说明如下：

- absolute: 以上一层组件（父组件）的绝对坐标定位，如果没有上一层就以网页左上角为原点定位。
- relative: 以一般的网页排列方式决定位置后，再以此位置的左上角为相对坐标定位。

下面使用两层<div>标签定位图像，分别以 absolute 和 relative 方式定位内层的<div>标签，读者可以清楚看到这两者的差别，程序如下：

```
<div id="flower" style="position:absolute;left:20px; top:20px">
<img src="sunflower.gif" width="150" height="150" border="3">
        <div id="leaf" style="position:absolute; left:0px;
            top:0px;z-index:1">
        <img src="leaf.gif" width="100" height="100" border="3">
        </div>
</div>
```

外层 / 内层

两种方式所呈现的结果如图 5-6 所示。

width、height: 指定组件宽度与高度

width 用来指定组件的宽度，height 用来指定组件的高度。其格式如下：

```
width:宽度值
height:高度值
```

单位是 px 或 pt，例如：

```
div{ width:200px;height:300pt;}
```

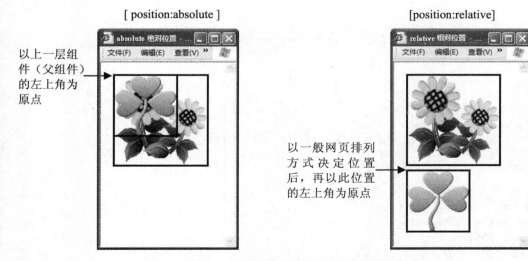

图 5-6　绝对位置和相对位置不同的显示结果

line-height：设置行高

使用 line-height 设置行高的格式如下：

```
line-height: 数值(+单位)
```

例如：

```
<style>
      h1 { line-height:140%;}
</style>
```

line-height 用来设置行高，单位是 px、pt、百分比（%）或 normal（自动调整），单位省略时浏览器会使用默认单位。行高是指与前一行基线的距离，如图 5-7 所示。

As you sow, so shall you reap.

Birds of a feather flock together.　↕行高

图 5-7　行高示意图

left、top：指定组件与边界的距离

left 用来指定组件与左边界的距离，也就是 x 坐标，top 用来指定组件与上边界的距离，也就是 y 坐标，格式如下：

```
left:x 坐标值
top:y 坐标值
```

坐标值的单位是长度（px、pt）、百分比（%）。长度从左上角向右下角计算，x 方向越往右值越大，y 方向越往下值越大，如图 5-8 所示。

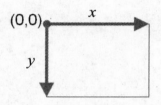

图 5-8　坐标值随方向增加的示意图

回到#box_num 的 CSS 语句，代码如下：

```
height: 410px;
width: 540px;
position: absolute;
top: 50%;
left: 50%;
```

由于 top 和 left 都是界面中央（50%）的位置，套用这 5 行 CSS 语句后，#box_num 组件的位置如图 5-9 所示。不会刚好在网页正中央，所以必须将组件向左、向上偏移。

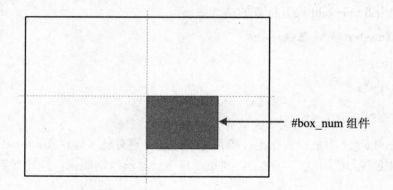

图 5-9　设置中央位置的实际显示结果，需要向左和向右调整

再加两行语句：

```
margin-top: -200px;
margin-left: -270px;
```

#box_num 组件的高度是 400px。使用 margin-left:-200px 可以让组件往左位移 200px，同样的方法可以让组件向上偏移。Margin 属性可以用来调整组件边界。下面我们来学习调整边界的相关属性。

5-2-4　调整边界、留白的 CSS 语句

使用 CSS 控制网页组件，控制边界（Margin）、边界留白（Padding）以及边框（Border）等是非常重要的属性，三者的关系示意图如图 5-10 所示。

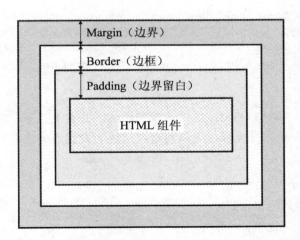

图 5-10　HTML 组件的边界、边框和边界留白 3 种属性之间的关系示意图

下面我们来看这些语句该如何使用。

边界

边界在边框的外围，用来设置组件的边缘距离，共有上、下、左、右四边属性可以设置。我们可以对这四边逐一设置或一次指定好边界的属性值，说明如下：

- margin-top　上边界
- margin-right　右边界
- margin-bottom　下边界
- margin-left　左边界

这四边边界的设置语句相同。下面以 margin-top 属性说明。

margin-top 的设置值可以是长度单位（px、pt）、百分比（%）或 auto，auto 为默认值。语句如下：

```
margin-top:设置值;
```

例如：

```
div{
    margin-top:20px;
    margin-right:40pt;
    margin-bottom:120%;
    margin-left:auto;
}
```

另外，我们可以一次性设置好边界的属性值，语句如下：

```
margin: 上边界值 右边界值 下边界值 左边界值
```

margin 的属性值必须按照上面的顺序排列，以空白分开。如果只输入一个值，四边边界值就会同时设置为此值；如果输入两个值，缺少的值就会以对边的设置值替代，例如：

```
div{ margin:5px 10px 15px 20px;}    /* 上=5px、右=10px、下=15px、左=20px */
div{ margin:5px;}                   /* 四边边界都为 5px */
div{ margin:5px 10px;}              /* 上=5px、右=10px、下=5px、左=10px */
div{ margin:5px 10px 15px;}         /* 上=5px、右=10px、下=15px、左=10px */
```

边界留白

边界留白是指边框内侧与 HTML 组件边缘的距离，共有上、下、左、右四边的属性可以设置。设置方式与 margin 属性类似，可以对这四边逐一设置或一次性指定好边界留白的属性值，说明如下：

- padding -top 上边界留白距离
- padding -right 右边界留白距离
- padding -bottom 下边界留白距离
- padding -left 左边界留白距离

这四边边界的设置语句相同。下面以 padding -top 属性来说明。

padding-top 的设置值可以是长度单位（px、pt）、百分比（%）或 auto，auto 为默认值。语句如下：

```
padding-top:设置值;
```

例如：

```
div{
    padding-top:10px;
    padding-right:20pt;
    padding-bottom:120%;
    padding-left:auto;
}
```

另外，我们可以一次性设置好边界留白的属性值，语句如下：

```
padding:上边界留白 右边界留白 下边界留白 左边界留白
```

padding 的属性值必须按照上面的顺序排列，以空白分开。如果只输入一个值，四边的边界值就会同时设置为此值；如果输入两个值，缺少的值就会以对边的设置值替代，例如：

```
div{ padding:5px 10px 15px 20px;}   /* 上=5px、右=10px、下=15px、左=20px */
div{ padding:5px;}                  /* 四个边界都为 5px */
div{ padding:5px 10px;}             /* 上=5px、右=10px、下=5px、左=10px */
div{ padding:5px 10px 15px;}        /* 上=5px、右=10px、下=15px、左=10px */
```

边框

边框的属性包括边框宽度、样式与颜色，如表 5-4 所示。

表 5-4　边框的属性

属性	属性名称	设置值
border-style	边框样式	none（默认值） solid double groove ridge inset outset
border-top-style border-left-style border-bottom-style border-right-style	上、下、左、右四边的边框样式	同 border-style
border-width	边框宽度	宽度数值+单位 thin（薄） thick（厚） medium（中等，默认值）
border-top-width border-left-width border-bottom-width border-right-width	上、下、左、右四边的宽度	同 border-width
border-color	边框颜色	颜色名称 十六进制（HEX）码 RGB 码
border-top-color border-left-color border-bottom-color border-right-color	上、下、左、右四边的边框颜色	同 border-color
border	综合设置	

　　边框的主要属性为 border-style、border-width 与 border-color。这 3 种属性可一次性设置四边的样式、粗细和颜色，这 3 种属性也可以分别针对上、下、左、右四边设置。下面详细介绍这 3 种属性。

border-style 边框样式

border-style 属性用于设置边框的样式，语句如下：

```
border-style:设置值;
```

　　设置值共有 8 种，分别为 solid（实线）、dashed（虚线）、double（双实线）、dotted（点线）、groove（3D 凹线）、ridge（3D 凸线）、inset（3D 嵌入线）以及 outset（3D 浮出线），例如：

```
div{border-style:solid;}
```

图 5-11 列出了这 8 种设置值的效果。

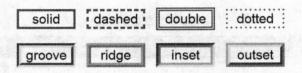

图 5-11　8 种边框样式的示意图

border-style 属性如果只输入一种样式，组件四边就套用相同的样式。也可以输入 4 个值，让四边套用不同的样式，输入的值必须按照上边框、右边框、下边框、左边框的顺序排列，中间以空格分隔，语句如下：

```
div{border-style:solid double groove ridge;}
```

如果要逐一设置四边的样式，就可以用 border-top-style、border-left-style、border-bottom-style 与 border-right-style 设置。

5-2-5　加入阴影及圆角的 CSS 语句

数字 1~9 的按钮是"数字快快点"这款休闲益智网页游戏范例不可或缺的主角。由于按钮具有一致性和重复性，因此本例中通过 JavaScript 语句产生 9 个<div>组件，class 名称为 div_num。这些按钮加上了阴影及圆角效果，让<div>组件看起来有按钮的视觉效果。下面来看阴影及圆角的 CSS 属性。

圆角相关的 CSS 属性

圆角相关的 CSS 属性如表 5-5 所示。

表 5-5　圆角相关的 CSS 属性

属性	属性名称	设置值
border-radius	边框导圆角	长度（px）或百分比（%）
border-top-left-radius border-top-right-radius border-bottom-left-radius border-bottom-right-radius	上下左右四边导圆角	长度（px）或百分比（%）

border-radius 属性的用法如下：

```
border-radius:设置值;
```

border-radius 属性的设置值为长度单位(px、pt)、百分比(%)，例如：

```
border-radius:25px;
```

border-radius 属性四边会套用相同的宽度，也可以输入 4 个值，让四边套用不同的宽度，语句如下：

```
border-radius:25px 10px 15px 30px;
```

如果要逐一设置四边的圆角，可以用 border-top-left-radius、border-top-right-radius、border-bottom-left-radius 和 border-bottom-right-radius 设置。

CSS 样式的套用很有弹性，输入两个值时会产生如图 5-12 所示的对称圆角边框。

```
border-radius:50px 10px;
```

HTML5+CSS3

图 5-12　对称圆角边框的示意图

阴影的 CSS 属性

阴影的 CSS 属性如表 5-6 所示。

表 5-6　阴影的 CSS 属性

属性	属性名称	设置值
box-shadow	区块阴影	h-shadow：水平位移距离 v-shadow：垂直位移距离 blur：模糊半径 spread：扩散距离 color：颜色 inset：内阴影

box-shadow 属性的用法如下：

```
box-shadow: 设置值;
```

box-shadow 属性的设置值有 6 种，必须设置水平和垂直阴影的位置，其余属性都可以省略不写，设置值如表 5-7 所示。

表 5-7　box-shadow 属性的设置值

设置值	说明
h-shadow	水平阴影的位置
v-shadow	垂直阴影的位置
blur	模糊距离，可省略
spread	阴影的尺寸，可省略
color	颜色，可省略
inset	将向外的阴影改为内阴影，可省略

例如，让组件产生水平 10px、垂直 10px 的黑色阴影，可以如下表示：

```
box-shadow:10px 10px black;
```

套用结果如图 5-13 所示。

图 5-13　让组件产生水平 10px、垂直 10px 的黑色阴影

5-2-6 为组件设置背景和渐层

组件的背景可以选择颜色也可以选择图案，同样的方法套用在<body>标签上就变成了整个网页的背景。

设置背景颜色

背景颜色的属性是 background-color，语句如下：

background-color:颜色值

例如：

```
<style>
      td { background-color: #FFFF66;}
</style>
```

background-color 的颜色值可以用颜色名称、16 进制（HEX）码以及 RGB 码。background-color 不止应用于组件背景，表格背景、单元格背景、网页背景都可以利用background-color 设置底色。

设置背景图案

CSS3 与背景图案相关的属性相当多，下面来看有哪些属性可以使用（见表 5-8），然后逐一详细说明。

表 5-8　CSS3 与背景图案相关的属性

属性	属性名称	设置值
background-image	背景图案	url（图像文件的相对路径）
background-repeat	是否重复显示背景图案	repeat repeat-x repeat-y no-repeat
background-attachment	背景图案是否随网页滚动条滚动	Fixed（固定） Scroll（随滚动条滚动）
background-position	背景图案位置	x% y% x y [top,center,bottom] [left,center,right]
background	综合应用	
background-size	设置背景尺寸	length（长宽） percentage（百分比） cover（缩放至最小边能包含组件） contain（缩放至元素完全包含组件）
background-origin	设置背景原点	padding-box border-box content-box

background-image 设置背景图案

格式如下：

```
background-image: url(图像文件相对路径)
```

例如：

```
<style>
        body { background-image: url(images/a.jpg)}
</style>
```

background-image 属性可以使用的图像格式有 jpg、gif 与 png 三种，在 url 中直接填入图像的存放路径即可。

background-repeat 设置背景图案是否重复显示

格式如下：

```
background-repeat: 设置值
```

例如：

```
<style>
        body { background-repeat: no-repeat }
</style>
```

background-repeat 的设置值共有以下 4 种。

（1）repeat：重复并排显示，默认值。
（2）repeat-x：水平方向重复显示。
（3）repeat-y：垂直方向重复显示。
（4）no-repeat：不重复显示。

可参考图 5-14 所示的示意图。

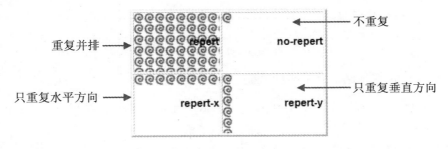

图 5-14　background-repeat 四种设置值的效果图

background-attachment 设置背景图案是否跟着滚动条一起滚动

格式如下：

```
background-attachment: 设置值
```

例如：

```
<style>
      body { background-attachment: fixed }
</style>
```

background-attachment 的设置值有以下两种。

（1）fixed：当网页滚动时背景图案固定不动。

（2）scroll：当网页滚动时背景图案随着滚动条滚动，默认值。

background-position 设置背景图案位置

格式如下：

```
background-position: x 位置 y 位置
```

例如：

```
<style>
      body { background-position: 20px 50px}
</style>
```

background-position 的设置值必须有两个，分别是 x 与 y，x 与 y 可以是坐标数值，也可以直接输入位置。例如，直接输入 x、y 坐标，单位可以是 pt、px 或百分比，可参考图 5-15 所示的示意图。

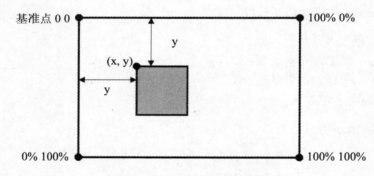

图 5-15　background-position 坐标示意图

单位可以混合使用，例如以下两种情况。

（1）background-position：20px 50px，表示水平方向距离左上角 12px，垂直方向距离左上角 50px。

（2）background-position：20px 50%，表示水平方向距离左上角 20px，垂直方向为 50%。

> **提示**
>
> 如果 background-position 省略 y 的值，垂直方向就会以 50% 作为默认值，上例 background-position: 20px 50% 也可以写为 background-position: 20px。不过为了避免混淆，还是建议以完整的数值表示。

如果不想计算坐标值，直接输入位置就可以了。需要输入水平方向与垂直方向的位置，水平位置有 left（左）、center（中）、right（右）；垂直位置有 top（上）、center（中）、bottom（下），例如：

```
background-position: center center
```

这表示背景图像会放在组件水平方向与垂直方向的中间。

background 综合设置背景图案

background 是比较特别的属性，可以一次性设置好所有背景属性，格式如下：

```
background: 背景属性值
```

各个属性值没有前后顺序，只要以空格分开即可，例如：

```
<style>
        body {background :url(images/dot.gif) repeat-x fixed 100% 100%;}
</style>
```

background-size 设置背景尺寸

background-size 能够用来设置背景图的尺寸，格式如下：

```
background-size: "60px 80px"
```

background-size 的值可以是长和宽、百分比（%）、cover 或 contain。

cover 会让背景图符合组件大小并充满组件，contain 是让背景图符合组件大小但不超出组件，两者都不会改变图形的长宽比。下面分别以未设置 background-size 属性以及设置了百分比（%）、cover 或 contain 这 4 种设置方式比较一下显示效果，如图 5-16 所示。

未设置 background-size

background-size:100% 100%

background-size:cover

background-size: contain

图 5-16　background-size 四种设置的效果比较

设置背景渐层

CSS3 可以让背景产生渐层效果，渐层属性有 linear-gradient（线性渐层）和 radial-gradient（圆形渐层），语句如下：

```
linear-gradient(渐层方向, 色彩 1, 位置 1, 色彩 2, 位置 2...)
```

线性渐层只要设置起点即可，例如 top 表示从上而下，left 表示从左到右，top left 表示从左上到右下。也可以用角度来表示，例如 45° 表示从左下到右上，−45° 表示从左上到右下。

5-3　jQuery 程序解析

本节主要介绍有以下功能的程序：

（1）动态产生 1~9 的数字组件。
（2）随机排列数字。
（3）单击数字按钮的事件处理程序。
（4）计时开始与结束。

下面来看这些功能程序如何编写。

5-3-1　动态产生数字组件

首先，在网页放置一个"开始游戏"按钮，单击该按钮后就会调用 num_click() 函数并产生数字组件。

```
//jQuery
$(function() {
    $("button").click(function(){
        num_click(9);
    })
})

//HTML "开始游戏" 按钮
<button>开始游戏</button>
```

为了避免 DOM 组件尚未加载完成 JavaScript 程序就调用组件而发生错误，程序一开始就要判断组件是否加载完成，jQuery 语句可以如下表示：

```
$(document).ready(function() {});
```

也可以这样写：

```
$(function() {});
```

为了方便日后游戏的扩充，数字按钮的个数以变量形式导入。num_click() 的参数 length 用于设置游戏的数字个数，本范例使用数字 1~9，所以参数传入 9。

num_click()函数一开始产生数字 1~9 并存入数组，程序如下：

```
var nums = [];  //声明数组
for (var i = 0; i <length; i++) {
    nums[i] = i+1;
}
```

5-3-2　随机排列数字

游戏一开始必须将数字打乱重新排列，这里用随机排列算法重新排列数字。

将数字打散

简单来说，随机排列算法就是使用循环遍历数组，每次循环产生的随机数与当前数组遍历到的数值交换，数组遍历完毕后所有数字也就重新排列了。

举例来说，用来暂存的空变量是 x，第一次取得的随机数为 3，进行数值交换的步骤如下：

步骤 01 先将 nums 数组第一个 nums[0]的值赋给变量 x，如图 5-17 所示。

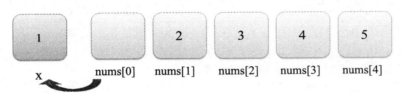

图 5-17　步骤 1

步骤 02 将数组索引值为 3（nums[3]）的值赋给 nums[0]，如图 5-18 所示。

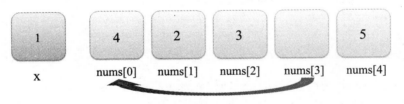

图 5-18　步骤 2

步骤 03 将变量 x 的值赋给 nums[3]，如图 5-19 所示。

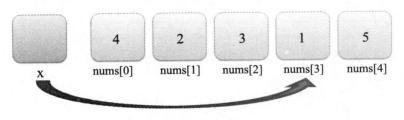

图 5-19　步骤 3

如此就完成了一次数字交换，重复上面的流程直到数组遍历完毕，数字就会重新排列了。这里使用了 JavaScript 的 Math 对象方法，通过 Math.random()和 Math.floor()获取随机数。

※ Math.random()方法

返回介于 0~1（小于 1）的随机数，最大为 0.9999（无限循环小数）。

※ Math.floor()方法

返回小于或等于给定数值最接近整数的数，也就是无条件舍去法，例如 Math.floor(1.21) 返回 1、Math.floor(45.17)返回 45。

想要产生固定范围的随机数，Math.random()通常与 Math.floor()搭配使用。例如，想要产生 0~9 的随机数，可以将 Math.random()获取的随机数乘以 10，再用 Math.floor( )获取最接近的整数，语句如下：

```
Math.floor(Math.random()*10)
```

想要得到 1~100 的随机数，将数字加 1 即可。

```
Math.floor((Math.random() * 10) + 1);
```

按重新排列后的数字动态产生按钮

nums 数组里存放的值已经被打乱顺序，所以我们按照数组顺序取出值产生<div>绘制的按钮组件即可，程序如下：

```
box_num.empty().css("opacity", "1");
$.each( nums, function( key, value){
    box_num.append( "<div class='div_num'>"+nums[key]+"</div>" );
    var nowCol = key % col,
    nowRow = parseInt( key / col );
    $(".div_num").eq(key).css({
        'position': 'absolute',
        'left': nowCol * 180,
        'top': nowRow * 120
    });
})
```

上述程序使用 jQuery 的 each()方法对数组元素进行类似 for 循环的处理。each()是十分强大的方法，使用起来相当简单，除了数组外，DOM 对象以及 JSON 对象都可以使用，使用方式如下：

```
$.each(data, function( index, value ) {
  //执行的语句
});
```

index 是指数组或对象的索引值（下标值），value 是值，例如：

```
var data =[ 52, 97 ];
$.each(data, function( index, value ) {
  Console.log( index + "," + value );
});
```

Console 窗口的输出结果如下：

```
0, 52
1, 97
```

上述程序使用的 index 和 value 变量名称是自定义的，你也可用其他变量名称，例如 key 和 value。

在循环中使用数组值创建<div>组件，语句如下：

```
box_num.append( "<div class='div_num'>"+nums[key]+"</div>" );
```

jQuery 的 append()方法是将元素加入指定组件的末端（仍在指定组件内）。例如，下面的 HTML 程序代码的<div>组件内部已经有两个<div>组件。

```
<div class="outer">
  <div class="inner">Hello</div>
  <div class="inner">Good</div>
</div>
```

想要在名为 outer 的 div 中插入另一个<div>组件，可以如下表示，如图 5-20 所示。

```
$( ".outer" ).append( "<div class='inner'>Test</p>" );
```

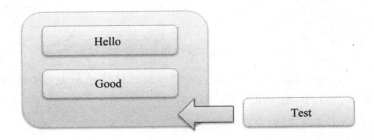

图 5-20　将元素加入指定组件的末端

插入的 div 组件可以利用 CSS 语句安排位置，可以将 CSS 语句写在组件内，语句如下：

```
 "<div class='div_num' style='position:absolute;left: "+(nowCol *
180)+";top:"+(nowRow * 120)+"'>"+nums[key]+"</div>"
```

利用 jQuery 语句设置 CSS 属性，先将 div 组件放入 HTML，再使用 CSS()方法设置。CSS()方法的使用方式如下：

```
.css("属性名称","value");
```

要设置多个属性时就用逗号（,）分隔，例如：

```
$("p").css({"background-color":"yellow","font-size":"200%"});
```

如果新增 9 个 div 组件，每个 div 的 class 名称都是 div_num，每一个组件的 top 和 left 属性值都不相同，所以不能如下指定：

```
$(".div_num").css({...})
```

这时可以使用 eq()方法指定想要的组件，eq()方法的使用方式如下：

```
.eq(index)
```

index 可以是正数也可以是负数，正数表示从第一个元素算起，index 从 0 开始，负数表示从最后一个元素算起。

5-3-3　数字按钮的事件处理程序

游戏的玩法是玩家必须按照从小到大的顺序单击数字按钮。利用 ccount 变量记录数字增量，玩家每单击一次按钮 ccount 就加 1，玩家单击的数字与 ccount 相同表示单击正确，就将玩家单击的数字按钮变色，到最后所有数字都正确就显示成功，只要按钮单击错误就显示失败。完整流程如图 5-21 所示。

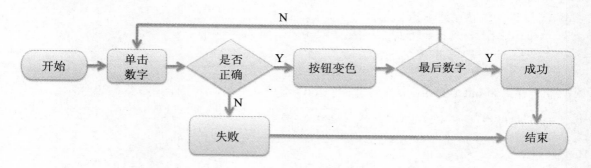

图 5-21　"数字快快点"的完整流程

单击错误数字时，box_num 组件会向上慢慢淡出，然后显示表示失败的图案。这里使用 animate()方法产生淡出动画，使用方式如下：

```
$(selector).animate(styles,speed,easing,callback)
```

animate()方法是借用 CSS 设置动画效果，参数说明如表 5-9 所示。

表 5-9　animate()方法的参数说明

参数	说明
styles	产生动画的 CSS 样式，套用多个 CSS 样式时以逗号分隔
speed	动画的速度，可以设置为 slow、normal、fast 或毫秒数值（1 秒=1000 毫秒）
easing	切换效果，有 linear 和 swing 两种，默认是 linear
callback	动画完成后执行的函数

例如，想让 div 组件产生逐渐改变高度的动画，可以这样编写：

```
$("div").animate({height:"300px"});
```

除了让组件产生高度改变的动画外，还要慢慢淡出，所以用了 opacity 属性设置透明度。程序如下：

```
box_num.animate({
        opacity: 0,
        height: 0
}, 1000, function() {
```

```
   $( this ).after( "<h3 style='width:200px;margin:0px
auto;color:#ff0000;text-align:center'><img src='images/fail.png' width='218'
height='181' border='0'>喔喔!失败了</h3>" );
   });
```

提示

　　Animate()方法使用的 CSS 样式名称必须使用 HTML DOM 的 style 样式名称（例如 fontSize），不能使用 CSS 属性 font-Size。另外，只有数值类的 CSS 样式可以创建 animate 动画，例如 height、width、left、top、opacity 等，字符串无法创建动画，例如 color:red。

　　动画完成后会执行 callback 函数，这里我们在 box_num 组件后加上<h3>组件显示文字、<img>组件显示 fail.png 图像。

　　jQuery 的 after()方法是将元素加入指定组件后（在指定组件外），例如 HTML 程序代码中的<div>组件内已经有两个<div>组件：

```
<div class="outer">
  <div class="inner">Hello</div>
  <div class="inner">Good</div>
</div>
```

想在名为 outer 的 div 后加入另一个<div>组件，代码如下：

```
$( ".outer" ).after( "<div class='inner'>Test</p>" );
```

示意图如图 5-22 所示。

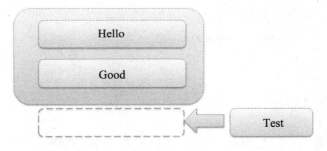

图 5-22　在名为 outer 的 div 后加入另一个<div>组件

学习小教室

关于 jQuery 对象$(this)

　　jQuery 有一种较为特殊的对象$(this)，用来存放当下触发的事件对象，例如：

```
$("div").click(function() {
  $(this).css("color","red")
});
```

$(this)指的就是$("div")对象，使用$(this)对象有助于重复使用函数和区分选择器。

（1）有助于重复使用函数

例如：

```
function setColor(){
$(this).css("color", "red");
}
$("span").on('click',setColor);
$("div").on('click',setColor);
```

上面的语句触发 click 的对象不同，但调用同一个函数时，$(this)会自动区分执行的对象。单击 span 组件时，$(this)指的是 span 组件；单击 div 组件时，$(this)指的是 div 组件。

（2）区分选择器

如果单击不同的组件按钮所执行的事情都一样，就可以绑定多个选择器，函数内部使用$(this)对象，并且可以按照触发对象分辨选择器，例如：

```
$("button, div, p").click(function(){
    $(this).css("color", "red");
});
```

单击 button 组件时，只有 button 组件的颜色会改变；单击 div 组件时，只有 div 组件的颜色会改变；单击 p 组件时，只有 p 组件的颜色会改变。

打开范例文件 thisTest.htm 进行操作，执行结果如图 5-23 所示。

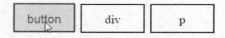

图 5-23　范例程序 thisTest.htm 的执行结果

5-3-4　计时开始与结束

要在一段时间后执行某一段程序,可以用 windows 的 setInterval ()和 setTimeout()两种延迟执行方法。

这两种方法都是指经过某一段时间后要执行什么操作。两者的差别在于 setTimeout()只执行一次，setInterval()会不停地调用函数。这两种方法的语句格式相同，内容如下：

```
var timeID=setTimeout(code , millisec);
var timeID=setInterval(code , millisec);
```

code 是指执行的指令或函数。如果指令必须是字符串、millisec 是等候的时间、单位是千分之一秒，每次调用 setTimeout()和 setInterval()方法都会产生唯一的 ID，可以像上式一样用一个变量存放这个 ID。上述语句完整的表示法如下：

```
var timeID=window.setTimeout(code , millisec )
var timeID=window.setInterval(code , millisec )
```

Window 顶层的对象名称可以省略不写。例如，等候 3 秒就自动出现一个 alert 对话窗口可以如下表示：

```
setTimeout("alert('3秒!')",3000)
```

如果希望每隔 3 秒就自动出现一个 alert 对话窗口，就可以改用 setInterval()方法：

```
setInterval ("alert('3秒!')",3000)
```

上面的语句执行的是 alert 指令，所以要加上引号写成字符串类型。

通常延迟执行的程序不会只有一行指令，这时可以与函数（function）一起使用，例如上式可以写成匿名函数，语句如下：

```
var timeID=setTimeout(function(){ alert('3秒!') }, 3000);
```

或者具名函数，语句如下：

```
var timeID = setTimeout(alertFunc, 3000);
function alertFunc() {
    alert('3秒');
}
```

setInterval()方法执行后会不断重复，如果要将其停止就可以调用 clearInterval()方法，语句如下：

```
clearInterval(timeID);
```

相信你已经学会了如何使用这两个延迟执行的方法，现在我们继续看范例中的计时功能程序，语句如下：

```
function startTimer(){
    numTimeout=setInterval(function(){
        tt++;
        $("#show_timer").html(tt);
    },1000);
}
```

范例中使用的是 setInterval()方法，变量 numTimeout 用于存放 setInterval()的 ID。tt 是累加量，每执行一次就会加 1，并显示于名为 show_timer 的 DIV 组件中。

当游戏结束时就调用 clearInterval()方法停止计时，并将变量 numTimeout 清空、tt 归 0，程序如下：

```
function stopTimer(){
    clearInterval(numTimeout);
    tt=0;
    numTimeout = null;
}
```

玩家有可能在游戏中途就单击"开始游戏"按钮重新开始，这时 stopTimer()方法并不会被执行，所以单击"开始游戏"按钮时要先检查 setInterval()方法是否仍在执行中，如果仍在执行就要将其停止，否则会同时执行两个定时器，程序如下：

```
if (numTimeout)
{
        clearInterval(numTimeout);
        numTimeout = null;
}
startTimer();
```

在 setInterval()方法执行的过程中，numTimeout 就会有 setInterval()的 ID 值（ID 值是数字），否则 numTimeout 就会是 null 值。我们可以通过 if 判断语句检查 numTimeout 是否为真，如果 numTimeout 为真就调用 clearInterval()方法停止计时，并将变量 numTimeout 清空。

此时，范例中用到的 HTML、CSS 以及 JavaScript 语句已经介绍完了，读者可以执行范例文件"ch05_01.htm"，再对照一下程序代码。

在这个范例中，我们调用了很多次函数，相信读者已经相当熟悉函数的操作了，不过 JavaScript 的函数变化多样，不止有传统函数的用法，还有一些高级用法，用不同方式使用函数就是为了让读者可以体验不同的写法。接下来，我们将进一步认识 JavaScript 的函数。

5-3-5 函数的多重用法与限制

JavaScript 的函数被称为第一级函数（First-Class Function），也就是不仅拥有一切传统函数的使用方式，也可以使用匿名函数、将函数指定给变量、传入函数或从函数中返回等，具有多重用法的函数可以说是 JavaScript 相当重要的一环。

下面进一步介绍函数以及创建函数的其他方式。

函数声明

函数声明（Function Declaration）是最基本的也是传统的具名函数写法。我们前面所使用的函数写法都是函数的声明，需要在 JavaScript 执行前进行声明，在整个程序的作用域（Scope）内都可以调用这个函数。调用函数时，无论放在函数声明前还是函数声明后都可以，例如：

```
myfunc(10, 20);   //在函数声明前调用函数
function myfunc(a, b) {
    console.log('a='+a+',b='+b);
}
myfunc(10, 20);    //在函数声明后也可以调用函数
```

当调用函数传入值的个数与参数的个数不符时，程序仍然可以执行。如果少于参数的个数，未传入的参数就是未定义的（undefined）；超过参数个数的传入值则会被忽略，例如：

```
myfunc(10, 20);             //执行结果：a=10,b=20
myfunc();                   //执行结果：a=undefined,b=undefined
myfunc(10);                 //执行结果：a=10,b=undefined
myfunc(10, 20, 30);         //执行结果：a=10,b=20
myfunc();                   //执行结果：a=undefined,b=undefined
```

判断参数是否有传入值时可以利用 typeof 运算符，写法如下：

```
if(typeof a == 'undefined') {
    a = 10;
}
```

上面的代码也可以用赋值运算符（＝）简化，语句如下：

```
a = a || 10;
```

如果 a 是 undefined，就会显示为 10。

📖 学习小教室

关于 JavaScript 同名函数

如果读者之前接触过程序，相信对"重载函数"不陌生。简单来说，重载函数是指在同一作用域内允许两个以上同名的函数，参数的个数或参数类型必须不同，程序会调用对应的函数执行，例如：

```
function myfunc(a) {…};  //第一个
function myfunc(a, b) {…}; //第二个

myfunc(10); //执行第一个myfunc
myfunc(10, 20);  //执行第二个myfunc
```

注意，JavaScript 的函数语句没有重载功能，先定义的函数会被后定义的函数覆盖，所以多个同名函数只会执行最后一个函数。

```
function myfunc(a) {…};  //第一个
function myfunc(a, b) {…}; //第二个

myfunc(10); //执行第二个myfunc
myfunc(10, 20);  //执行第二个myfunc
```

函数表达式

函数表达式（Function Expression）就是把函数当作运算符的方式。函数表达式是在执行期间才被创建的，因此调用函数的方法必须放在函数表达式后，否则会发生 xxx is not a function 的错误。

函数表达式里的函数可以是匿名函数或具名函数，定义方式也很简单，直接声明一个变量赋值给匿名函数就可以了。下面来看函数表达式使用匿名函数的写法：

```
var myfunc=function(a,b) {
   console.log('a='+a+',b='+b);
}
myfunc(10, 20);  //执行结果：a=10,b=20
```

可以发现，执行结果与函数声明是一样的。

一般来说，除非有特定情况需要使用函数表达式，否则都会使用函数声明。函数声明比函数表达式容易阅读，程序代码也更简洁。

使用简单明了的函数声明就好,为什么还要使用函数表达式呢?我们可以从下面的范例中看出函数表达式的优点。

范例:ch05_02.htm

```
<!DOCTYPE html>
<html>
<head>
<meta charset="utf-8">
<script src="../jquery-2.2.1.min.js"></script>
<link rel=stylesheet href="../style.css">

<script>
function checkflag(flag){
    if (flag) {
        myfunc=function(a,b){
            return '您单击的是 true,a='+a+',b='+b;
        };
    }else{
        myfunc=function(a,b){
            return '您单击的是 false,a='+a+',b='+b;
        };
    }
    $("#result").html(myfunc(10, 20));
}
</script>
</head>
<body>
<button onclick="checkflag(true)">true</button>
<button onclick="checkflag(false)">false</button>
<br><hr>
```

执行结果:

```
<div id="result"></div>
</body>
</html>
```

执行结果如图 5-24 所示。

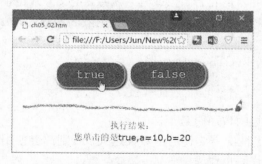

图 5-24 范例 ch05_02.htm 的执行结果

单击按钮时会调用 checkflag 函数，分别传入 true 或 false 给 flag 变量。flag 值等于 true 时执行第一个 myfunc 函数，flag 值等于 false 时执行第二个 myfunc 函数。

因为 myfunc 函数是在运行时间动态创建的，同样的程序不能用函数声明处理，函数声明在 JavaScript 执行前就被创建了，先定义的函数会被后定义的函数覆盖，所以 myfunc 函数只会执行最后一个函数。读者可以启动范例 ch05_02a.htm 看看同样的程序改用函数声明方式后的执行结果。

函数表达式也可以具名声明，例如在函数内要调用自己时，具名函数就派上用场了。下面的范例使用函数表达式具名函数计算 n 的阶乘（1*2*3*...*n）。

范例：ch05_03.htm

```
<!DOCTYPE html>
<html>
<head>
<meta charset="utf-8">
<script src="../jquery-2.2.1.min.js"></script>
<link rel=stylesheet href="../style.css">
<script>
$(function() {
        $("#sendbtn").click(function() {
                var n = $("#num").val();
                n = n || 10;
                var myfunc= function factorial(n){
                    return n === 1 ? n : n * factorial(n - 1);
                };
                $("#result").html(n+"!="+myfunc(n));
        })


})
</script>
</head>
<body>
请输入阶乘运算的值（例如 5！输入 5）：<br><input type="text" id="num"
placeholder="10" style="width:100px;">
    <button id="sendbtn">计算</button>
    <br><hr>
```

执行结果：

```
<div id="result"></div>
</body>
</html>
```

执行结果如图 5-25 所示。

函数本身调用自己的模式称为"递归调用"。使用递归函数可以让程序代码变得简洁，正确使用有助于提升执行效率，不过使用时要特别注意递归的结束条件，否则容易造成无限循环。

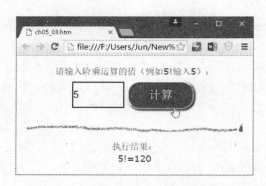

图 5-25　范例 ch05_03.htm 的执行结果

范例中的 factorial()函数就是利用递归方式完成阶乘计算的，每执行一次 n 就减 1，当 n 等于 1 时直接返回 n，不再调用自己，从而可以结束程序。这一段判断用的程序使用了很简洁的条件判断式（?:）：

```
n === 1 ? n : n * factorial(n - 1);
```

如果问号（?）前的条件判断式成立，就返回冒号（:）左边的值；否则返回冒号（：）右边的值。

立即调用函数表达式

顾名思义，立即调用函数（Immediately Invoked Function）就是可以立即调用执行的函数，也可称为自调用函数，格式如下：

```
(function(x){
//程序语句
})(x_value);
```

在匿名函数最后加上一对括号，函数就会立即被调用执行，在括号内传入参数 x 的值等同于以下程序语句：

```
var myfunc = function(x){
//程序语句
}
myfunc (x_value);
```

立即调用函数常被用于只执行一次的程序代码，例如程序的初始化。使用匿名函数的好处是执行完毕所占的内存会被立即回收，变量生命周期只存在于函数中。

JavaScript 函数还有一点要特别留意，如果在函数中使用 var 声明变量，该变量就是局部变量，也就是作用域只在该函数内；如果在函数外声明，该变量全局变量，作用域为全局（global），例如：

```
var x = 0,y = 0;

function myfunc(){
    var x = 5;
    y=1;   //声明 x 为局部变量，y 不是
    console.log("myfunc 函数内的 x="+x+",y="+y)
```

```
}
myfunc();

console.log("myfunc 函数外的 x="+x+",y="+y)
```

执行后会得到如下结果：

```
myfunc 函数内的 x=5,y=1
myfunc 函数外的 x=0,y=1
```

x 是全局变量，在函数内使用 var 声明时表示为私有的（Private），x 就成为局部变量了，作用域只在函数内，并没有声明 y，因此 y 仍然为全局变量。读者可以启动范例 ch05_04.htm 看看执行结果。

> **提示**
>
> 函数外的变量没有强制一定要用 var 声明，JavaScript 默认将其声明为全局变量，不过为了避免发生无法预测的结果，建议用 var 先声明。

第6章

自制专属的 jQuery Plugin

jQuery 有许多他人编写好的实用 Plugin（插件），这些插件经过多次改版与测试变得更加实用、方便，替大家省下了重复开发的时间。后面的章节会陆续为读者介绍一些好用的插件，本章了解 jQuery Plugin 的基本概念，并带领读者一步步创建自己的插件。

6-1　jQuery Plugin 初探

在程序开发的过程中，常常会编写功能重复的程序代码，往往一个项目开发完，下一个项目用到同样的功能时又要再写一次。将经常使用的功能封装起来不仅可以减少工作量，还能减少错误发生的概率。通常有经验的程序开发者会将常用的程序代码封装起来，保存成 js 文件，日后只要加载这个 js 文件，就可以随时取用这些程序代码，这种用于 JavaScript 程序开发扩展特定功能的插件就是 jQuery Plugin。

6-1-1　jQuery Plugin 的命名

如果写好的插件是自己使用，插件名称只要不与正在使用的插件发生冲突就可以；但是如果要发布给其他人使用，就得避免与发布的其他插件冲突，插件的名称最好遵循以下格式，并保存为 js 文件：

```
jquery.[自定义的插件名称]-[版本号码].js
```

例如：

```
jquery.pluginname-1.0.js
```

插件名称可以取自己喜欢的名字，最好能够从名称看出插件的功能。表 6-1 列举了一些知名的 jQuery Plugin 名称，从名称就可以大略猜出其功能。

表 6-1　知名的 jQuery Plugin 名称

插件名称	功能
jquery.tablesorter.js	表格排序
jquery.BlackAndWhite.js	为图像加上黑白效果
jquery.textShadow.js	为文字加上阴影效果
jquery.validate.js	窗体验证功能
jquery.lazyload.js	图像延迟加载

6-1-2　JavaScript 的 prototype 对象

第 3 章介绍 JavaScript 时谈到了构造函数以及如何使用 new 关键词将对象实例化，例如：

```
function person(username, age, addr) {
    this.username = username;
    this.age = age;
    this.addr = addr;
}
```

```
var myfriend1= new person("Jennifer", 25, "北京");
var myfriend2= new person("Brian", 18, "上海");
```

上面的程序使用构造函数创建对象，并实现了两个 person 对象实例，如果我们想要为已经创建的对象实例增加属性，可以这样表示：

```
myfriend1.job = "student";
```

只为 myfriend1 增加了属性，myfriend2 不会有这个属性，person 构造函数也没有这个属性。如果我们想为已经创建的对象实例增加方法，也是以同样的方式，语句如下：

```
myfriend1.run = function () {
    return "正在跑马拉松！";
};
```

同样，只有 myfriend1 才有 run()方法可以调用。

可不可以直接将属性或方法扩充到对象本身呢？这样就不需要为每一个对象实例单独加入属性与方法。当然可以，只要使用对象的 prototype（原型）属性定义就可以了。

JavaScript 每一个对象都有 prototype 属性，这个属性也是一个 prototype 对象，prototype 对象的属性会被所有对象继承。通过 prototype 属性定义对象的属性与方法还有一个好处是避免浪费内存空间。如果属性与方法定义在构造函数中，每个新建的对象都会带着这个方法；如果用 prototype 设置属性与方法，被创建的对象就会指向同一个 prototype 对象。

新建对象的 prototype 属性时要特别留意，并不是直接在构造函数中定义方法。举例来说，想在 person 对象原型中增加 run 方法，不能直接在构造函数中定义。下面的程序只是为 person 函数定义了方法，其他对象无法使用：

```
person.run = function () {
    return "正在跑马拉松！";
};
```

此为错误写法

正确的方式是加入对象的 prototype 属性，语句如下：

```
person.prototype.run = function () {
    return "正在跑马拉松！";
};
```

范例：ch06_01.htm

```
<!DOCTYPE html>
<html>
<head>
<meta charset="utf-8">
<script src="../jquery-2.2.1.min.js"></script>
<link rel=stylesheet href="../style.css">
<script>
$(function(){
    function person(username, age, addr) {
        this.username = username;
        this.age = age;
        this.addr = addr;
```

```
        this.display=showMsg;
    }

    function showMsg(){
        $('body').append(
            "<div class='box'>姓名: "+this.username+"<br>"+
            "年龄: "+this.age+"<br>"+
            "地址: "+this.addr+"<br>"+
            "职业: "+this.job+"<br>"+
            this.sayHello()+"</div>"
        );
    };

    var myfriend1= new person("Jennifer", 25, "北京");
    var myfriend2= new person("Brian", 18, "上海");

    //扩充对象属性
    person.prototype.job = "学生";
    //扩充对象方法
    person.prototype.sayHello = function () {
        return "Hello!";
    };
    myfriend1.display();
    myfriend2.display();

})
</script>
</head>
</html>
```

执行结果如图 6-1 所示。

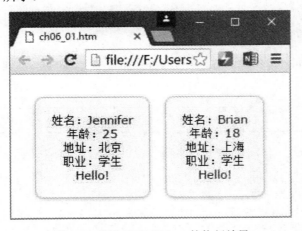

图 6-1 范例 ch06_01.htm 的执行结果

　　范例中构建了 person 函数，函数拥有 3 个属性和一个方法。使用 new 运算符创建 myfriend1
和 myfriend2 对象，接着使用 prototype 属性扩充一个属性 job 和方法 sayHello()，最后调用
display()方法将 myfriend1 和 myfriend2 对象的属性显示出来。

6-1-3　第一个 jQuery Plugin

在说明如何制作 jQuery Plugin 之前，我们必须先了解 jQuery 的工作原理。例如，下面的语句是很基本的 jQuery 语句，功能是利用 jQuery 选择器找出<p>对象，然后将文字改成蓝色：

```
$( "p" ).css( "color", "red" );
```

当使用$()函数选择组件时，jQuery 会返回一个对象实例，这个实例会继承 jQuery.prototype 对象的所有方法（例如之前学过的.css()、.click()等），所以我们要创建自己的方法，也需要将方法添加到 jQuery.prototype 中。为了方便书写与扩充，一般不写成 jQuery.prototype，而是写成 jQuery.fn，用$操作 jQuery 可以简写成$.fn。

先介绍一个简单的插件，例如制作一个插件将网页中<p>标签的文字颜色改为红色，只要添加一个名为 changToRed 的函数到 jQuery 的 prototype 对象中即可，语句如下：

```
jQuery.fn.changToRed = function() {
    this.css( "color", "red" );
};
$("p").changToRed();
```

jQuery 的方法几乎都可以串接，也就是可以连续使用函数，例如下面的用法就是串接另一个 css()方法：

```
$("p").css("color", "red").css("background-color", "blue");
```

因为 jQuery 几乎所有方法都会返回自己执行后的结果，返回的是同一个 jQuery 对象，所以可以一直串下去，如果希望自己做好的插件也可以串接，可以这样写：

```
jQuery.fn.changToRed = function() {
    this.css( "color", "red" );
    return this;
};
$("p").changToRed();
```

了解了 jQuery Plugin 的原理后，可以亲自制作第一个 jQuery Plugin，请跟着下面的范例来实践。

范例：ch06_02.htm

```
<!DOCTYPE html>
<html>
<head>
<meta charset="utf-8">
<script src="../jquery-2.2.1.min.js"></script>
<link rel=stylesheet href="../style.css">
<script>
$(function(){
    $.fn.changToRed = function() {
        this.css( "color", "red" );
        return this;
```

```
    };
    $("p").changToRed().addClass( "box" );
})
</script>
</head>
<body>
<h3>Adversity is a good discipline.</h3>
<div>A faithful friend is hard to find.</div>
<p>A good friend is my nearest relation.</p>
</body>
</html>
```

执行结果如图 6-2 所示。

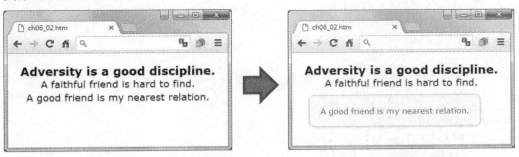

图 6-2　范例 ch06_02.htm 的执行结果

范例文件使用了 3 个 HTML 组件，分别是 h3、div 以及 p 组件，并且定义了一个名为 changToRed 的插件方法。函数只做一件事情，就是将文字改成红色，再返回执行后的对象。

范例中 p 组件套用 changToRed()并串接 addclass()方法，语句如下：

```
$("p").changToRed().addClass( "box" );
```

jQuery 的 addclass 方法是向指定的组件添加类（class）属性，相当于下式：

```
<p class="box">
```

范例中的.box 属性已经定义在 style.css 文件中，因此 p 组件在添加.box 属性后就会自动套用。

下面说明 addclass()方法的使用方法。

addclass()方法

addclass()方法的使用方法如下：

```
$(selector).addClass(class)
```

class 是指 CSS 的 class 属性名称，也可以套用函数方式添加类属性，格式如下：

```
$(selector).addClass(function(index){…})
```

index 是指组件的索引值，请看下面的范例。

范例：ch06_03.htm

```
<!DOCTYPE html>
<html>
<head>
<meta charset="utf-8">
<script src="../jquery-2.2.1.min.js"></script>
<style>
*{font-size:25px;}
.color_0
{
color:blue;
}
.color_1
{
color:red;
}
</style>
<script ">
$(function(){
    $('p').addClass(function(n){
      return 'color_' + n;
    });
});
</script>

</head>

<body>
<h3>Adversity is a good discipline.</h3>
<p>A faithful friend is hard to find.</p>
<p>A good friend is my nearest relation.</p>
</body>
</html>
```

执行结果如图 6-3 所示。

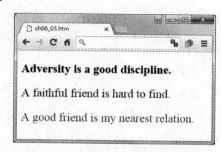

图 6-3　范例 ch06_03.htm 的执行结果

范例中添加了"color_0"class 属性给第一个 p 组件，"color_1"class 属性给第二个 p 组件。

6-1-4 避免插件冲突

前面曾经说明过这样的问题，如果一个文件内有两个相同名称的函数，会发生什么情况呢？

这时后面定义的函数会覆盖之前的函数。然而网络上开放的 jQuery 库（Library）与插件（Plugin）非常多，大家命名习惯也大同小异，免不了会有同名的问题，因此通常会把所有函数和变量声明都放在一个立即调用函数里，以局部变量的模式存在。立即调用函数的格式如下：

```
(function(){
  var x=1; //局部变量
})();
```

jQuery 使用$符号作为 jQuery 的简写，如果其他 JavaScript Library 也使用 $符号，就会产生冲突。在 jQuery 中，$仅仅是 jQuery 的别名而已，不使用该符号也能够正常运行。因此，如果其他 Library 已经使用了$符号，为了避免发生错误，要尽量避免使用$符号。处理方式有以下 3 种：

（1）使用 noConflict()方法释放 jQuery 对$符号的控制权。

（2）创建自己的 jQuery 别名取代$符号。

（3）把$符号当成参数返回给函数。

下面详细说明这 3 种方式。

1. 使用 noConflict()方法释放 jQuery 对$符号的控制权

可以使用 jQuery 提供的 noConflict()方法释放 jQuery 对$符号的控制权，用法如下：

```
jQuery.noConflict()
```

加入此行语句后，jQuery 不再拥有$符号的控制权，其他 Library 就可以使用$符号，而 jQuery 可以用全名替代$符号，例如：

```
$.noConflict();
jQuery(function(){
  jQuery("button").click(function(){
    ...
  });
});
```

2. 创建自己的 jQuery 别名

用全名替代$符号的写法太麻烦而且不易读，我们可以创建自己的 jQuery 简写别名，接下来的 jQuery 程序可以用这个别名取代$符号，例如：

```
var j= jQuery.noConflict();
j(function(){
  j("button").click(function(){
    ...
  });
});
```

下面来看实际的范例。

范例：ch06_04.htm

```html
<!DOCTYPE html>
<html>
<head>
<meta charset="utf-8">
<script src="../jquery-2.2.1.min.js"></script>
<script>
var j=$.noConflict();
j(function(){
  j("button").click(function(){
    j("div").html("jQuery的简写由$改成 j 了！");
    $("div").html("Hello!!");    //使用$符号就会出错
  });
});
</script>
</head>
<body>
<div></div>
<button>j 替代$符号</button>
</body>
</html>
```

执行结果如图 6-4 所示。

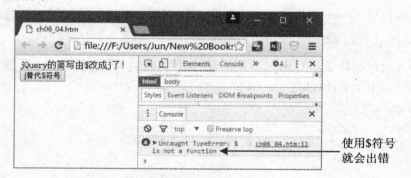

图 6-4　范例 ch06_04.htm 的执行结果

范例中使用变量 j 替代$符号，如果 **jQuery** 程序中仍使用$符号就会显示"$ is not a function"的错误信息。

3．把$符号当成参数

如果喜欢用$符号，不想改变使用习惯，可以在函数里把 **jQuery** 作为传入的参数值、$作为参数，例如：

```javascript
(function($) {
    // 在此程序段内可以安全地使用$符号操作 jQuery
})(jQuery);
```

这个方法是开发 jQuery Plugin 避免$符号冲突常用的方法。我们不知道用户的程序里是不是写了$.noConflict()，所以最好使用立即调用函数，并将 jQuery 对象传入函数中使用。在函数区域内，可以确保$符号一定应用到 jQuery，而且不会影响函数外其他程序的运行。

6-2　实现 jQuery Plugin——图像展示器

学会了插件的写法后，接下来实现一个完整的插件。无论哪种类型的网站，图像的呈现往往是关键，尤其是企业网站和购物网站，为了在第一时间吸引用户的注意，经常使用大量照片轮流播放的方式展示。本节以"图像展示器"作为实践范例。

6-2-1　前置准备工作

范例文件存放在下载资源的 ch06/ch06_06 文件夹内，读者可以启动范例 picture_show.htm 先行浏览一下执行结果。

范例中一共有 8 张花朵的照片，置于 images 文件夹内，网页打开后每隔 2 秒以淡入淡出的效果轮流播放照片，单击"STOP"按钮会停止播放照片，单击"PLAY"按钮则继续播放。执行结果如图 6-5 所示。

图 6-5　范例 ch06_06.htm 的执行结果

这个自制的插件命名为 jquery.picShow.js，放置于 js 文件夹内，范例所使用的 CSS 文件放置于 css 文件夹内。下面将制作和套用方式分为 3 个阶段来说明。

（1）HTML 对象设置和插件套用说明。

（2）套用的 CSS 语句说明。

（3）编写 jQuery Plugin 程序。

首先来看 HTML 文件的对象设置和插件套用说明。

127

6-2-2　HTML 组件设置和插件套用

　　HTML 组件主要分为 3 个区块，外围的<div>组件 class 名称是 picDiv，用来定义图像展示器的范围。<div>组件里面放置了两个<ul>分组组件，一个<ul>组件的 class 名称是 navigation，用来放置停止与播放按钮；另一个<ul>组件的 class 名称为 pictures，用来放置照片，如图 6-6所示。

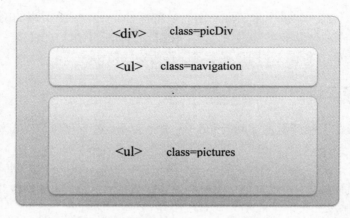

图 6-6　HTML 组件主要的 3 个区块的示意图

　　按钮行与图像列表分别采用两组<ul><li>标签定义，我们以按钮行为例来说明。

　　按钮行<ul>组件的 class 名称为 navigation，<ul>组件里放置了两个按钮，分别是 STOP 与PLAY 按钮。按钮行主要使用<ul>标签定义范围，并使用<li>标签分别定义出两个超链接项，再使用 CSS 语句制作出按钮的效果，HTML 语句如下：

```
<ul class="navigation">
<li><a href="#" class="stop">stop</a></li>
    <li><a href="#" class="play">play</a></li>
</ul>
```

　　<ul>和<li>组合是很实用的标签，常用于列表（list），呈现效果默认为垂直排列，只要使用 CSS 语句将 display 属性设为 inline 就可以横向水平排列，相当方便。

　　<ul>标签可以设置项目符号的样式，范例中并不希望出现项目符号，所以将 list-style-type属性设为 none，如此一来就不会显示项目符号。由于只有按钮行需要横向水平显示按钮，因此我们只在 navigation 的<li>标签设置 display 属性为 inline，语句如下：

```
.picDiv ul{
    list-style-type: none;  /*不显示项目符号*/
    margin: 0px;
    padding: 0px;
    font-family: Geneva, Arial, Verdana;
}
.picDiv .navigation li {
    display: inline;  /*在同一行呈现*/
}
```

以上是网页设置的所有组件。下面我们来看这个范例用了哪些 CSS 语句美化图像展示器的外观。

学习小教室

关于无作用超链接

如果我们希望<a>标签超链接保有链接的样式，但是单击后不会跳到任何链接网页，而是执行 JavaScript 的 click 事件，常用的做法是让超链接不起作用，最简单的方式是加入#符号，语句如下：

```
<a href="#">我是超链接</a>
```

不过使用#符号有两个缺点：

（1）#符号默认的锚点位置是#top，也就是单击链接后会回到网页最上方。

（2）网址会带出锚点，因此网址后方会多加一个#符号。

范例中的超链接位置本来就在网页最上方，所以执行时不会有问题，如果超链接不在最上方，就必须采取一些措施让超链接失效。

最简单的方式是在 click 事件的处理函数中加上 return false;，语句如下：

```
<a href="#" onclick="handler(); return false;">我是超链接</a>
```

或者改用下列语句让超链接不起作用：

```
<a href="javascript:void(0);">我是超链接</a>
```

void 是 JavaScript 的运算符，void()括号里面通常是表达式，void 的用途是避免表达式有返回值，举例来说：

```
<script>
  var a,b;
  a = void ( b = 5 );
  console.log('a = ' + a + ',b = ' + b);
</script>
```

上面语句会返回如下执行结果：

```
a = undefined,b = 5
```

void 运算符会执行括号内的表达式，然后返回 undefined。<a>标签的 href 接收到 undefined 就不起作用了。

6-2-3　套用 CSS 语句

范例中所套用的 CSS 文件放置于 CSS 文件夹中，文件名为 picShow.css。此范例用到的 CSS 语句在前面章节都已经说明过，这里就不再赘述，仅针对较特别的 display 属性来说明。

CSS 的 display 属性用来定义组件在网页中呈现的方式，当 HTML 文件中已经有定义好的排版结构时，display 属性可能会影响现有的排版，使用时不可不慎。display 属性的语法格式如下：

```
display:属性值;
```

display 属性很多，常用的有表 6-2 所列的 4 种。

表 6-2   display 常见的 4 种属性

属性值	说明
none	不显示组件
block	以区块方式显示
inline	在同一行显示
inline-block	以区块方式在同一行显示

分别说明如下：

（1）display:none

组件的 display 属性设为 none 表示不显示这个组件。display: none 和 visibility: hidden 都可以让组件不显示，差别在于 display : none 是移除组件，visibility:hidden 只是将组件隐藏，网页上的位置仍然会保留。

（2）display:inline

组件的 display 属性设为 inline 会让组件在同一行显示，组件前后都不会换行，<img>、<span>、<a>等组件的默认 display 属性都属于此类，而且 margin-top、margin-bottom、padding-top、padding-bottom、width、height 以及 background-image 等属性遇到 display:inline 时都没有作用。

（3）display:block

组件的 display 属性设为 block 就是以区块方式显示，组件前后都会换行，宽度默认为最大，<div>、<p>、<h1>~<h6>等组件的默认 display 属性都属于此类。

（4）display:inline-block

这是 CSS2.1 之后才有的属性值，同时拥有 block 和 inline 的特性。

6-2-4   编写 jQuery Plugin 程序

范例中 jQuery Plugin 的 js 文件放置于 js 文件夹中，文件名为 jquery.picShow.js。首先，我们可以在最外面看到(function($) { ... })(jQuery);立即调用函数，接着会看到如下声明：

```
$.fn.picShow = function(options) {};
```

这是替 jQuery 对象创建 picShow()方法。由于我们希望用户能够自己设置一些选项，因此设置传入参数 options 对象，函数中预先声明了对象 settings，里面默认了 3 个属性，程序如下：

```
var settings = {
    start: 1,              //从哪一张照片开始播放
    interval: 5,           //照片停留的秒数
    transition: {          //转场动画
        mode: 'fade',
        speed: 1000
    }
};
```

HTML 文件中要在组件套用 picShow()方法，只要调用该方法，并按照需求调整 start、interval 以及 transition 属性值即可。例如，范例中只将 interval 属性值更改为 2，表示照片停留 2 秒之后就换下一张，语句如下：

```
$('.picDiv').picShow({
    interval: 2
});
```

其中，{interval: 2}就是传入的 options 对象。默认的 settings 对象有 3 个属性，用户传入的 options 对象只有一个属性，怎么样才能让两个对象合并在一起呢？这就要靠 jQuery.extend() 方法了。现在来看 jQuery.extend()方法该怎么使用。

jQuery.extend()

$.extend()的目的是将两个或两个以上的对象合并到第一个对象，语句如下：

```
jQuery.extend( target, object1, object2,objectN )
```

objectN 多出的属性会加到前一个 object 里，如果前一个 object 已经有同名属性就会被覆盖，也就是后面的属性会取代前面同名的属性。例如，范例中要让用户的 options 对象取代 settings 对象，写法如下：

```
$.extend(settings, options);
```

settings 对象包含 start、interval 和 transition 属性，options 对象只有 interval 属性，因此合并之后 settings 对象会变成 settings 对象与 options 属性合并的结果。图 6-7 所示为 settings 对象和 options 对象的合并示意图。

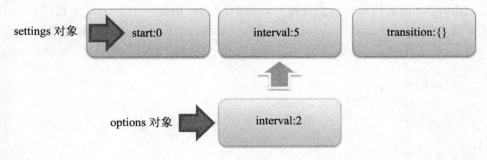

图 6-7　settings 对象和 options 对象合并

合并之后 settings 对象仍然有 start、interval 和 transition 三个属性，interval 属性值变成 2，其他两个属性值维持不变，如图 6-8 所示。

图 6-8　合并后 settings 对象属性值的情况

$.fn.picShow 函数中的 this 关键词指向正在起作用的对象，在 picture_show.htm 文件中我们将 picShow 套用在名为.picDiv 的 div 组件中，因此函数里的 this 指向 div.picDiv。picture_show.htm 文件的套用语句如下：

```
$('.picDiv').picShow()
```

函数里使用 init 方法初始化，init 方法会自动执行，不需要再调用，程序如下：

```
this.init = function() {
    //设置照片外框的宽与高
    this.find('.pictures').css({
        height: '330px',
        width: '600px'
    });
    //将 li 组件改为绝对位置
    this.find('.pic').css('position', 'absolute');
    //将非播放中的 li 组件隐藏
    this.find('.pic:not(:eq(' + current + '))').hide();
    //绑定 stop 的 click 事件触发函数
    this.find('.stop').click(this.stopAuto);
    //绑定 play 的 click 事件触发函数
    this.find('.play').click(this.auto);
    //执行 ShowPic 函数
    this.ShowPic(current);
    //执行 auto 函数
    this.auto();

    return this;
}
```

这里先调用 ShowPic 函数执行一次照片播放，再调用 auto 函数，由于 auto 函数里使用了 setInterval 方法重复调用 ShowPic 函数，因此能让图像循环播放。下面是 auto 函数的程序代码：

```
this.auto=function auto() {
    if (!picinterval) {
        picinterval = setInterval(function() {
            target.ShowPic(current+1);
        }, settings.interval * 1000);
    }
    return this;
}
```

这里 this.auto 的 this 关键词仍然指向 div.picShow。this 关键词已经使用过几次，不过之前使用 this 关键词指向的对象都很容易识别。事实上，this 也会随着调用函数方式的不同而指向不同对象甚至指向全局对象，一不小心就会造成错误，所以下面特别将 this 关键词提出来进行说明。

this 关键词

在 JavaScript 函数中，this 关键词代表当前正在起作用的对象，简单来说对象使用点（.）记号调用函数，这个对象就成为 this，否则 this 会引用到全局对象。例如，我们定义了 Person 构造函数，并用 new 关键词实现了 myfriend，程序代码如下：

```
function Person(username, age) {
        this.username=username;
        this.age=age
        this.fullName=function() {
            console.log(this)
            return this.username + ' ' + this.age;
        }
}
var myfriend = new Person("Jennifer", "Brian");
```

当调用 myfriend.fullName() 时，this 指向新 Person 对象，所以在 console 中显示的执行结果如图 6-9 所示。

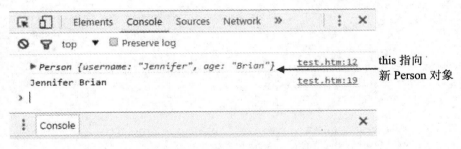

图 6-9　this 指向新 Person 对象的情况

如果改成下式调用 fullName()，就会得到不同的结果。

```
Var newfriend = myfriend .fullName;
console.log(newfriend());
```

当调用的 newfriend() 并没有指向任何对象时，JavaScript 会认为执行的是 window.newfriend()，这时 this 会指向全局对象 window，得到图 6-10 所示的结果。

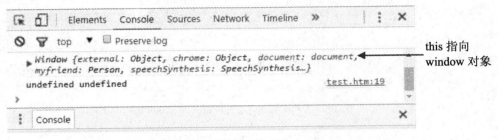

图 6-10　this 指向 window 对象

既然 this 指向了 window 对象，就没有 username 和 age 这两个属性了，这时会返回 undefined。

this 关键词虽然好用，不过使用前必须特别留意是谁调用了函数，以免程序无法执行。

范例中 auto 函数使用了 setInterval 函数让图像循环播放，setInterval 函数执行时的对象是全局对象 window，于是 setInterval 匿名函数里的 this 就指向了 window 对象。这里的 this 指向 div.picDiv 对象才能正确执行，该怎么办呢？

最简单的方法就是当 this 指向 div.picDiv 对象时先用一个变量将 this 存下来备用，程序代码如下：

```
var target=this;
```

target 变量只要在 picShow 的命名空间内，无论在哪个函数里都是指向 div.picDiv 对象，不需要再烦恼 this 的问题了。

照片转场特效

照片转场特效执行的是 ShowPic()函数，程序代码如下：

```
var picLength = this.find('.pic').length;
var current = settings.start-1;
/*….省略…*/
this.ShowPic = function(index) {

   index=(current+1) % picLength;

   var oldSlide = target.find('.pic:eq(' + current +')');
   var newSlide = target.find('.pic:eq(' + index +')');

   oldSlide.fadeOut(settings.transition.speed);
   newSlide.fadeIn(settings.transition.speed);

   current = index;
   return this;
};
```

首先，必须知道总共有几张照片，所以先用 this.find('.pic').length 取得.pic 的个数，再设置照片从哪一张开始播放。start 属性是用户可以自己设置的选项，直接用 settings.start 就可以获取属性值，当用户设置为 1 时 index 从 0 开始，程序代码如下：

```
var current = settings.start-1;
```

我们希望每张照片能加上"此张淡出和下一张照片淡入"的转场特效，所以用变量 current 记录当前照片的索引值，并用变量 index 记录下一张照片的索引值，可以利用 jQuery 的 find() 方法找到照片，并使用 fadeOut()和 fadeIn()方法产生淡入淡出的效果，程序代码如下：

```
var oldSlide = target.find('.pic:eq(' + current +')');
   var newSlide = target.find('.pic:eq(' + index +')');
oldSlide.fadeOut(settings.transition.speed);
newSlide.fadeIn(settings.transition.speed);
```

转场速度可由用户设置，直接获取 transition 对象的 speed 属性就能获取该对象的 speed 属性值。

播放到最后一张照片要能自动回到第一张照片，这里使用取余数的方式计算下一张照片的索引值（index），语句如下：

```
index=(current+1) % picLength;
```

从图 6-11 就能了解此余数就是变量 index 的值。如此一来，无论多少张照片都能循环播放，播到最后一张也会回到第一张照片。

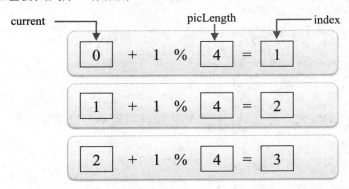

图 6-11　用取余数的方法循环播放照片的示意图

picShow 程序的第 5 行到第 9 行使用 jQuery 的 each 方法对每个 class 名称为 picDiv 的组件进行处理，程序代码如下：

```
if (this.length > 1) {
        this.each(function() { $(this).picShow(options)});
        return this;
}
```

each()是 jQuery 的遍历方法，功能是为每个符合的组件执行匿名函数内的程序，语句如下：

```
$(selector).each(function(index,element))
```

index 是指选择器的 index 值，element 是指当前的元素，例如 HTML 文件中有如下项目：

```
<ul>
    <li>游泳</li>
    <li>跑步</li>
    <li>健走</li>
    <li>爬山</li>
</ul>
```

想要列出项目的文字，可以通过 each()方法实现，程序代码如下：

```
$( "li" ).each(function( index ) {
  console.log( index + ": " + $(this).text() );
});
```

本次范例中 HTML 文件只有一个 picDiv 组件，所以 this.length=1，不会执行 each()方法，当 HTML 文件中有一个以上 picDiv 组件时就会执行了。

📖 **学习小教室**

this 关键词与$(this)函数的差别

this 和$(this)对 jQuery 来说是不同的，this 关键词是获取 DOM 对象，可以使用 JavaScript 的方法和属性来操作；而$(this)函数是通过 jQuery 封装 DOM 组件后产生的 jQuery 对象。

jQuery 对象只能使用 jQuery 的方法操作，举例来说：

```
$("#btn").click(function(){
$(this).style.color = "blue";
})
```

style 属性是 DOM 对象才有的属性，所以执行后程序会显示 undefined 的错误信息。

第7章

使用 jQuery 打造完美图表

牛顿说过"如果说我看得比别人远，那是因为我站在巨人的肩上"。许多专业的程序开发者会将编写好的 jQuery 插件放在网络上分享给大家使用，这些插件大部分都可免费用于非商业性质（Non-Commercial）的使用，无论是表格、图像、日期菜单还是日历等都有相当多好用的外挂插件，建议读者在编写程序之前先搜索是否有类似的插件，学习程序代码编写的方式，这样除了能节省开发时间，也能逐渐提高自己编写程序的技巧。

本章将以表格、日期菜单和日历 3 个好用的外挂插件为例，说明如何下载和使用这些插件。

7-1 表格排序套件——tablesorter

表格一直是显示数据不可或缺的工具，通过 tablesorter 插件能够轻轻松松地美化表格，甚至对表格进行排序，只要进行一些简单的参数设置就可以完成，让表格更灵活地显示。

tablesorter 是相当知名的 jQuery 插件。下面我们来看如何下载与套用。

7-1-1 下载与套用

tablesorter 的下载网址为 http://tablesorter.com/docs/。进入网址后，你会看到如图 7-1 所示的页面，网页上通常都会注明插件的作者（Author）、版本（Version）、授权（License）以及赞助方式（donate）等信息，并且会有插件完整的使用说明。

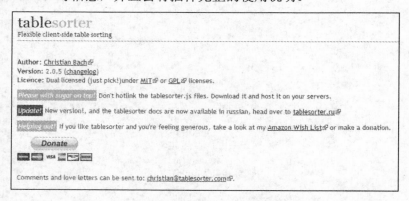

图 7-1 下载 tablesorter 插件的网页

下载

找到并单击 Download 链接，下载 jquery.tablesorter.zip 文件并解压缩，解压缩后的文件夹中会包含多个文件夹和 tablesorter 的 js 文件，如图 7-2 所示。其中，docs 文件夹是说明文件，themes 文件夹中有 blue 和 green 两种主题样式。通常需要用到 jquery.tablesorter.min.js 文件以及 themes 文件夹，可以将其复制到 html 文件相同的路径下。

接下来，我们来看如何套用 tablesorter 插件。

tablesorter 是 jQuery 的插件，因此要先加载 jQuery Library 再加载 tablesorter 插件，表格的颜色可以套用 themes 文件夹中所提供的主题样式。下面的语句使用 blue 的主题样式，只要将下列语法加在<head></head>标签之间就可以了。

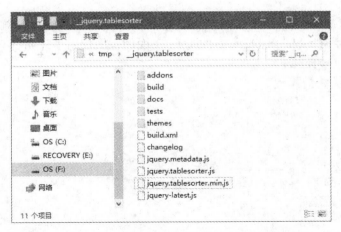

图 7-2　解压缩 tablesorter 插件后展开的文件夹和文件

```
<link rel="stylesheet" href="tablesorter/blue/style.css">
<script src="../../jquery-2.2.1.min.js"></script>
<script src="tablesorter/jquery.tablesorter.min.js"></script>
```

如果.js 文件、.css 文件与 html 文件放在不同文件夹，就必须指定路径。

> **提示**
>
> 　　一般下载的 jQuery Plugin（jQuery 插件）文件夹中会有两个同名的 js 文件，一个扩展名为.js，另一个扩展名为.min.js。.min.js 文件是缩小过的文件（Minify），删除了程序代码中不需要的注释、换行等，所以打开.min.js 文件会发现程序代码都挤在一起，文件也变小了。这两个文件只需要引用一个，无论引用哪一个文件，执行结果都是一样的，通常会引用文件较小的.min.js。

套用

套用的方式非常简单，首先制作一个基本表格，tablesorter 必须套用标准的 HTML 表格。打开范例文件 ch07_01_un.js，文件只有标准表格，尚未套用 jQuery Plugin，可以照着以下说明完成套用。

表格里必须有表头标签<thead><tr><th>以及表身标签<tbody><tr><td>，如图 7-3 所示（<tr>为每一行开头必须的标签，图中为了更清楚地表示标签间的关系，省略了<tr>标签未画）。

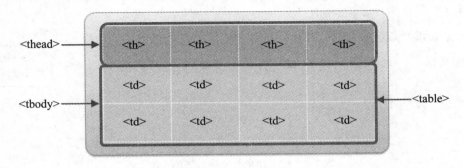

图 7-3　设计表格的表头标签和表身标签

　　<table>标签必须指定 class 名称为 tablesorter，id 名称视插件套用的对象而定，例如网页只有一个表格时使用$("table").tablesorter()即可。下面的范例使用了$("#myTable").tablesorter()，所以 id 名称必须为 myTable。

```
<table id="myTable" class="tablesorter">
<thead>
<tr>
    <th>学号</th>
    <th>姓名</th>
    <th>数学</th>
    <th>英语</th>
    <th>语文</th>
</tr>
</thead>
<tbody>
<tr>
    <td>A001</td>
    <td>陈小凌</td>
    <td>100</td>
    <td>100</td>
    <td>100</td>
</tr>
<tr>
    <td>A002</td>
    <td>胡大宇</td>
    <td>85</td>
    <td>90</td>
    <td>80</td>
</tr>
</tbody>
</table>
```

　　接着，在网页加载完成时告诉 tablesorter 要将哪一个表格排序就可以了，内容如下：

```
<script>
$(function () {
    $("#myTable").tablesorter();
})
</script>
```

　　如此一来，就可以完成如图 7-4 所示的表格。

学号 ⬍	姓名 ⬍	数学 ⬍	英语 ⬍	语文 ⬍
A001	陈小凌	100	100	100
A002	胡大宇	85	90	80
A003	林小风	75	65	86
A004	黄小金	72	86	62

单击此按钮就可以排序。

图 7-4　按上述指令完成排序的表格

在浏览器中浏览表格，可以看到表头的字段右方多了一个排序按钮，单击该按钮就可以将字段排序，非常简单方便。我们还可以调整一些参数让表格更符合需求，下面来看一些高级应用。

7-1-2　高级应用

tablesorter 提供了一些高级功能，只要设置参数就可以实现，例如默认排序、奇偶行分色显示等，我们先来看如何进行默认排序。

默认排序

默认排序只要设置 sortList 参数即可，格式如下：

```
sortList:[[columnIndex, sortDirection], ... ]
```

columnIndex 指定要排序的字段，从左边开始第一列为 0，从左到右；sortDirection 是排序方式，0 是升序排列（从小到大），1 是降序排列（从大到小）。例如，要将第一列从大到小排序，第二列从小到大排序，可以如下表示：

```
$("#myTable").tablesorter({sortList: [[0,1], [1,0]]});
```

一进入网页就会看到第一列和第二列分别进行了降序和升序排列，如图 7-5 所示。

学号	姓名	数学	英语	语文
A004	黄小金	72	86	62
A003	林小风	75	65	86
A002	胡大宇	85	90	80
A001	陈小凌	100	100	100

图 7-5　第一列和第二列分别进行了降序和升序排列后的表格

当然，也可以设置某一列不允许排序，只要在 headers 参数中指定字段不排序就可以了，语句如下：

```
headers: { 0: { sorter: false}, 1: {sorter: false} }
```

奇偶行分色显示

为了让表格更容易阅读，会在奇数和偶数行分别用不同颜色进行区分，tablesorter 提供了 widgets 参数，只要将 widgets 指定为 zebra 就可以达到奇偶行分色的效果，语句如下：

```
$("#myTable").tablesorter({widgets: ['zebra']});
```

执行该语句后，奇数行与偶数行会分别以不同颜色显示，如图 7-6 所示。

学号	姓名	数学	英语	语文
A001	陈小凌	100	100	100
A002	胡大宇	85	90	80
A003	林小风	75	65	86
A004	黄小金	72	86	62

图 7-6　奇数行与偶数行分别以不同颜色显示

下面我们来看完整的范例。

范例：ch07_01.htm

```
<!DOCTYPE html>
<html>
  <head>
<meta http-equiv="Content-Type" content="text/html; charset=utf-8"/>
<title></title>
<link rel="stylesheet" href="tablesorter/blue/style.css" type="text/css" />
<script src="http://code.jquery.com/jquery-1.10.2.min.js"></script>
<script type="text/javascript"
src="tablesorter/jquery.tablesorter.js"></script>

<script type="text/javascript">
$(function () {
    $("#myTable").tablesorter( {
        sortList: [[0,1]],
        headers: {1: {sorter: false} },
        widgets: ['zebra']
        } );
})
</script>
</head>
<body>
<table id="myTable" class="tablesorter">
<thead>
<tr>
    <th>学号</th>
    <th>姓名</th>
    <th>数学</th>
    <th>英语</th>
    <th>语文</th>
</tr>
</thead>
<tbody>
<tr>
    <td>A001</td>
    <td>陈小凌</td>
    <td>100</td>
    <td>100</td>
    <td>100</td>
</tr>
<tr>
    <td>A002</td>
    <td>胡大宇</td>
    <td>85</td>
    <td>90</td>
    <td>80</td>
</tr>
```

```
<tr>
    <td>A003</td>
    <td>林小风</td>
    <td>75</td>
    <td>65</td>
    <td>86</td>
</tr>
<tr>
    <td>A004</td>
    <td>黄小金</td>
    <td>72</td>
    <td>86</td>
    <td>62</td>
</tr>
</tbody>
</table>
</body>
</html>
```

执行结果的如图 7-7 所示。

学号 ▼	姓名	数学 ⇕	英语 ⇕	语文 ⇕
A004	黄小金	72	86	62
A003	林小风	75	65	86
A002	胡大宇	85	90	80
A001	陈小凌	100	100	100

图 7-7　范例 ch07_01.htm 的执行结果

想要自己编写出这么专业的表格，可要花费不少时间，套用现成的插件会更加简单实用。如果你喜欢这个插件，可以用小小的行动赞助程序开发者，给他们一点鼓励喔！

接着，我们来看另一个相当知名的插件 FullCalendar。

7-2　日历插件——FullCalendar

FullCalendar 是一个功能强大的 jQuery 日历套件，能通过 Ajax 取得数据配置成自己的日历，也可以让用户以单击或拖曳的方式触发事件，我们只要编写事件处理函数就可以完美的达到所需的效果或功能。

7-2-1　下载与套用

FullCalendar 的下载网址为 http://fullcalendar.io/。下载 FullCalendar 插件后，只需要将 fullcalendar 文件夹和 lib 文件夹里的文件复制到 html 文件所在的文件夹即可。打开范例文件 ch07_02_un.js，文件只有标准表格，尚未套用 jQuery Plugin，你可以照着以下说明完成套用。

HTML 文件里同样需要导入 jQuery 程序以及 fullcalendar 程序，要结合 Google 日历时才需要导入 gcal.js。需要加载的 js 和 css 文件如下：

```
<link href='fullcalendar/fullcalendar.min.css'>
<script src="../jquery-2.2.1.min.js"></script>
<link rel='stylesheet' href='fullcalendar/fullcalendar.css' />
<script src='fullcalendar/lib/moment.min.js'></script>
<script src='fullcalendar/fullcalendar.min.js'></script>
```

接下来，创建用来放置日历的 div 组件并指定 id 名称。

```
<div id='calendar'></div>
```

最后，将 FullCalendar 套用在 div 组件中，格式如下：

```
$(function() {
    $('#calendar').fullCalendar();
});
```

如此一来，就创建了一个如图 7-8 所示的日历。

图 7-8　添加上述代码后创建的日历

以往要自己制作日历相当麻烦，现在只要加入几行程序就可以轻松实现了。

7-2-2　高级应用

只要加入一些参数就能改变日历的外观与功能，还可以加载事件，让日历具有记事的功能。

常用参数

表 7-1 整理了一些常用的改变日历外观与功能的参数。

表 7-1　改变日历外观与功能的常用参数

相关参数	说明
editable	日程是否可编辑，默认值为 false
draggable	日程是否可拖曳，默认值为 false
weekends	是否显示周末，值为 true/false，默认值为 true。
defaultView	默认显示的模式，值有 month（月）、basicWeek（周）、basicDay（日）、agendaWeek（周）、agendaDay（日），默认值为 month

（续表）

相关参数	说明
height	日历高度
header	设置标题样式
buttonText	设置按钮文字
aspectRatio	设置日历高度比率（比率越小，高度越高），默认值为 1.35
titleFormat	标题格式，timeFormat: 'MMMM YYYY'
monthNames	月份名，默认为英文，可改成中文，例如 monthNames: ['一月','二月','三月','四月','五月','六月','七月','八月','九月','十月','十一月','十二月']
monthNamesShort	短月份名，默认为英文，可改成中文，例如 monthNamesShort: ['1 月','2 月','3 月','4 月','5 月','6 月','7 月','8 月','9 月','10 月','11 月','12 月']
dayNames	日期名，默认为英文，可改为中文，例如 dayNames: ['星期日','星期一','星期二','星期三','星期四','星期五','星期六']
dayNamesShort	短日期名，默认为英文，可改为中文，例如 dayNamesShort:['周日', '周一', '周二', '周三','周四', '周五', '周六']
slotDuration	时间间隔，默认为'00:30:00'
allDayText	整日显示名称
minTime	开始时间，默认值为 0，例如每日从 5 点开始显示。值可输入 5，如果从 5:30 开始可输入 5:30 或 5:30am
maxTime	结束时间，默认值为 24，例如输入 22 表示时间只显示到晚上 10 点，也可以输入'22:30'、'10:30pm'

下面来看套用参数的完整范例。

范例：ch07_02.htm

```
<!DOCTYPE html>
<html>
<head>
<meta charset="utf-8">

<link href='fullcalendar/fullcalendar.min.css'>
<script src="../jquery-2.2.1.min.js"></script>
<link rel='stylesheet' href='fullcalendar/fullcalendar.css' />
<script src='fullcalendar/lib/moment.min.js'></script>
<script src='fullcalendar/fullcalendar.min.js'></script>
<script>

    $(function() {
        $('#calendar').fullCalendar({
            editable: true,
            aspectRatio: 3,
            defaultView:"month",
            height: 600,
            draggable: true,
            weekends: true,
            allDayText:"整日",
```

```
            minTime:'9',
            maxTime:'18',
            monthNames:['一月','二月', '三月', '四月', '五月', '六月', '七月','
八月', '九月', '十月', '十一月', '十二月'],
            monthNamesShort: ['1月','2月','3月','4月','5月','6月','7月','8
月','9月','10月','11月','12月'],
            dayNames:['星期日', '星期一', '星期二', '星期三','星期四', '星期五', '
星期六'],

            header:{
                left: 'month,basicWeek,basicDay',
                center: 'title',
                right: 'prevYear,prev,today,next,nextYear'
            },
            buttonText:{
                prevYear: '去年',
                nextYear: '明年',
                today: '今天',
                month: '月',
                week: '周',
                day: '日'
            },
            dayNamesShort:['周日', '周一', '周二', '周三','周四', '周五','周六'],
            titleFormat:'MMMM YYYY',
            weekMode:'fixed'

        });

    });
</script>
</head>
<body>
<div id='calendar'></div>
</body>
</html>
```

执行结果如图 7-9 所示。

图 7-9　范例 ch07_02.htm 的执行结果

指定数据源

想要将日程显示在日历上，必须使用 event 对象指定数据源，数据可以是 Array、JSON 和 XML 格式。利用 events 参数指定要使用的属性即可，例如：

```
events: [
{
    title: '研讨会',
    start: '2014-03-10'
},
{
    title: '旅游',
    start: '2014-03-11 10:30:00',
    end: '2014-03-13 12:30:00',
    allDay : false
}]
```

常用的 event 对象属性如表 7-2 所示。

表 7-2　常用的 event 对象属性

属性	说明
allDay	是否为整日事件，值为 true/false
start	事件的开始日期时间
end	事件的结束日期时间
color	背景和边框颜色
borderColor	边框颜色
backgroundColor	事件的背景颜色
textColor	事件的文字颜色
title	事件显示的标题
url	用户单击事件时要打开的 url
editable	是否可拖曳

范例：ch07_03.htm

```
<!DOCTYPE html>
<html>
<head>
<meta charset="utf-8">

<link href='fullcalendar/fullcalendar.min.css'>
<script src="../jquery-2.2.1.min.js"></script>
<link rel='stylesheet' href='fullcalendar/fullcalendar.css' />
<script src='fullcalendar/lib/moment.min.js'></script>
<script src='fullcalendar/fullcalendar.min.js'></script>
<script>

    $(function() {
```

147

```
        var date = new Date();
        var d = date.getDate();
        var m = date.getMonth();
        var y = date.getFullYear();

        $('#calendar').fullCalendar({
            editable: true,
            aspectRatio: 3,
            defaultView:"month",
            height: 600,
            draggable: true,
            weekends: true,
            allDayText:"整日",
            minTime:'9',
            maxTime:'18',
            monthNames:['一月','二月', '三月', '四月', '五月', '六月', '七月','
八月', '九月', '十月', '十一月', '十二月'],
            monthNamesShort: ['1月','2月','3月','4月','5月','6月','7月','8
月','9月','10月','11月','12月'],
            dayNames:['星期日', '星期一', '星期二', '星期三', '星期四', '星期五', '
星期六'],

            header:{
                left: 'month,basicWeek,basicDay',
                center: 'title',
                right: 'prevYear,prev,today,next,nextYear'
            },
            buttonText:{
                prevYear: '去年',
                nextYear: '明年',
                today: '今天',
                month: '月',
                week: '周',
                day: '日'
            },
            dayNamesShort:['周日', '周一', '周二','周三','周四', '周五', '周六'],
            titleFormat:'MMMM YYYY',
            weekMode:'fixed',
            events: [
                {
                    title: '例行会议',
                    start: '2016-03-15 2:00'
                },
                {
                    title: '韩国旅游',
                    start: '2016-03-28',
                    end: '2016-03-31'
                },
                {

                    title: '聚餐',
```

```
                            start: new Date(y, m, d-3, 16, 0),
                            allDay: false
                        },
                        {

                            title: '棒球比赛',
                            start: new Date(y, m, d+2, 16, 0),
                            allDay: false
                        },
                        {
                            title: '链接到新浪',
                            start: new Date(y, m, 10),
                            url: 'http://www.sina.com.cn/'
                        }
                    ]


                });

            });

    </script>
    </head>
    <body>
    <div id='calendar'></div>
    </body>
    </html>
```

执行结果如图 7-10 所示。

图 7-10　范例 ch07_03.htm 的执行结果

范例中的 event 事件使用多种属性的用法，其中"链接到新浪"事件加入了 URL，因此只要单击事件就会打开新浪的网页。

start 与 end 参数必须指定日期时间，如果想指定当天的日期或加减天数、月数、年数，就必须通过日期对象获取日期时间，格式如下：

```
Var date=new Date(年, 月, 日, 时, 分, 秒, 毫秒)
```

如果没有指定参数（例如 new Date()），就会返回当前日期，我们可以利用 date 对象的方法获取各个日期与时间信息，可参考表 7-3 的说明。

表 7-3　date 对象的方法

方法	说明
getYear()	获取年份
getMonth()	获取月份，值为 0~11，0 是一月，11 是十二月
getDate()	获取一个月的一天
getDay()	获取一个星期的一天，值为 0~6，0 是星期日，6 是星期六
getHours()	获取小时，值为 0~23
getMinutes()	获取分钟，值为 0~59
getSeconds()	获取秒数，值为 0~59
getTime()	获取时间（单位：微秒）

获取年、月、日之后，想要加减天数、月数或年数都没问题了。范例中所使用的 3 种方法分别是获取三天前的日期、两天后的日期和当月 10 日的日期。

```
start: new Date(y, m, d-3, 16, 0)
start: new Date(y, m, d+2, 16, 0)
start: new Date(y, m, 10)
```

第 8 章

RWD 响应式网页设计

随着 4G 网络的普及，越来越多人使用手机上网和购物，于是如何让网站跨不同设备与屏幕尺寸顺利完美的呈现网页就成了网页设计师面临的一个大难题。当然，你可以为每一种尺寸都编写一个网页，但是维护起来就会重复且烦琐。于是，Ethan Marcotte 设计师提出了响应式网页设计（Responsive Web Design，RWD）的概念。本章就来说明什么是 RWD 以及如何制作 RWD 网页。

8-1　何谓响应式网页设计

首先，我们来了解什么是响应式网页设计、为什么要采用响应式设计。

8-1-1　响应式设计的基础

当我们使用手机浏览固定宽度（例如 960px）的网页时，会看到整个网页显示在小小的屏幕上，想看清楚网页上的文字必须不断用双指在页面上滑动放大屏幕，相当不方便。

响应式设计的网页只制作一个网页版本，该网页能顺应不同的屏幕尺寸重新安排网页内容，使之完美符合任何尺寸的屏幕，并且能看到适合该尺寸的文字，因此用户不需要再进行屏幕的缩放操作。

实际浏览采用响应式设计的网站时更能体会响应式设计的强大优势。下面的网站采用响应式设计，当在大尺寸的显示器浏览时会看到上方一排导航条和两栏式的图文介绍（见图 8-1），而在手机上浏览时导航条会自动变成下拉式，介绍也由原本的两栏自动换成了一栏（见图 8-2），无论屏幕分辨率高低如何改变，网站都可以很灵活地呈现网页内容。如此一来，就算使用较小屏幕的手机时，浏览者也能得到很好的操作体验。

图 8-1　在大尺寸的显示器浏览时，会看到的上方一排导航条和两栏式的图文介绍

图 8-2　在手机浏览时导航条会自动变成下拉式，图文介绍也由原本的两栏自动换成了一栏

响应式设计并不困难，使用 HTML 与 CSS 语句就可以实现，当然响应式网页的初始规划工作比创建固定宽度的网页多一些，但是能让不同尺寸的设备都得到良好的浏览体验，而且不需要制作不同尺寸的网页，日后维护也相对容易得多。

8-1-2　创建响应式网页

创建响应式网页需要使用 HTML 和 CSS，有时还需要简单的 JavaScript 语句，本节就来说明如何创建响应式网页。

创建响应式网页有 3 个很重要的概念，即流动布局（Fluid Grid）、媒体查询（Media Query）和百分比缩放图像（Scalable Image）。

简单来说，流动布局（流动网格）就是把网页划分成一格一格的区块，以区块概念来排版，设计出来的网页可随屏幕大小改变版面布局。下面介绍 bootstrap 插件时会对网格（grid）系统进行说明。

百分比缩放图像就是图像的宽度和高度值用百分比（%）取代数字（px、pt）。

想让网页根据设备的不同变换为最佳浏览比例，还有一个很重要的 HTML 语言<meta>标签的 viewport 属性。首先，认识创建响应式网页必备的 viewport meta 标签与媒体查询。

视区标签

viewport（视区）是指浏览器窗口扣除菜单、工具栏、状态栏以及滚动条之后的区域，通过 viewport 属性的设置可以告诉浏览器网页应该被展示成什么尺寸，让浏览器在缩放网页时有个基准。其语法如下：

```
<meta name="viewport" content="width=device-width, initial-scale=1">
```

width 属性告诉浏览器如何缩放网页，由于移动设备的品牌太多了，尺寸也不一致，很难逐一设置宽度，因此可以将 width 属性值设置为 device-width，意思是以实际设备的宽度展示网页，当用户改变设备的方向时，页面宽度也会自动调整，如此一来就可以自动符合不同移动设备的分辨率。

initial-scale 属性用于设置网页一开始被加载时的缩放比例。

通常，只需要设置 width = device-width 和 initial-scale = 1 两个属性，其他属性使用比较少，如表 8-1 所示。

表 8-1　其他属性

属性	说明
minimum-scale	允许用户缩放的最小比例
maximum-scale	允许用户缩放的最大比例
user-scalable	是否允许用户手动缩放，no 表示不可缩放，yes 表示可缩放

举例来说，maximum-scale = 2 表示用户最多只能将网页放大两倍，设置 maximum-scale = 1 与 user-scalable = no 都表示用户不能缩放页面大小。尽管 viewport 属性已经将字体调整到最佳显示状态，不过每个用户对字体大小的要求不同，有时仍想把页面拉大，因此除了特殊情况外，应该避免使用 maximum-scale = 1 与 user-scalable = no。

媒体查询

CSS 媒体查询（media query）能让浏览器根据不同设备视区尺寸套用不同的样式声明，你可以根据不同视区尺寸加载适当的 CSS 文件，或者直接在 CSS 语句中用@media 规则（rule）进行定义。以下为简单的媒体查询范例。

根据不同视区尺寸载入适当的 CSS 文件，写法如下：

```
<link rel="stylesheet" media="screen and (min-width:768px)"
href="sample.css" />
```

上面的语句是如果视区宽度不小于 768px，就加载 sample.css。

直接在 CSS 语句中用@media 规则定义，写法如下：

```
@media only screen and (min-width: 768px) {
    body {
        background-color: green;
    }
}
```

上面的 CSS 意思是如果视区宽度不小于 768px，<body>就采用绿色背景颜色，@media{}大括号内的 CSS 语句就如同平常编写的 CSS 语句一样，只是这些 CSS 只会套用于符合 media 设置的特征。你可以想象成 JavaScript 语言中的 if…else 条件判断语句，当符合条件时才会执行，这样就很容易理解了。

媒体查询的结构如下：

```
@media not|only mediatype and (media feature) {
    CSS code;
}
```

CSS 的媒体查询由@media 规则开始，第一个条件判断语句是媒体类型（mediatype），语句如下：

```
@media only screen
```

意思是判断媒体类型是否属于 screen（屏幕），响应式网页的媒体类型都使用 screen。表 8-2 列出了 4 种媒体类型供读者参考。

表 8-2　四种媒体类型

媒体类型值	说明
al	用于所有媒体类型的设备
print	用于打印机
screen	用于计算机屏幕、平板电脑或智能手机等
speech	使用朗读式设备

媒体查询是 CSS 3 才有的功能（IE 9 以及 Chrome 21 之后的版本才支持），而 CSS 2 已经有媒体类型，旧版的浏览器支持 screen 媒体类型，而不理会媒体查询语句的限制，如此一来，@media{}内的 CSS 语句通通会被执行。为了避免这样的情况，我们可以在@media 规则前面加上 only，旧版浏览器不支持 not 或 only，因此整段媒体查询会被忽略。

接着，我们通过实现响应式网页带领读者体会媒体查询的妙用。

范例：ch08_01.htm

```
<!DOCTYPE html>
<html>
<head>
<meta charset="utf-8">
<meta name="viewport" content="width=device-width, initial-scale=1">
<title>李清照诗词选</title>
<script src="../jquery-2.2.1.min.js"></script>
<style>
*{
    -webkit-box-sizing: border-box;
    -moz-box-sizing: border-box;
    box-sizing: border-box;
    font-family:微软雅黑;
}
h1{font-size:2em;}
h4{font-size:1em;}
section,footer{padding:10px;border:1px solid #111;margin:5px;}
nav,aside{margin:5px;}
#title{
    font-size:25px;
    color:#000066;
    border:5px double;
    width:200px;
    text-align:center;
    margin-bottom:20px;
    padding:5px;
}
section{text-align:center;}
#content{
```

```
        text-align:left;
        font-weight: bold;
}
#menu_nav ul {
        list-style: none;
        background: #330000;
        padding: 5px;
}

#menu_nav li a {
        display: block;
        padding: 0 20px;
        color: #fff;
        text-decoration: none;
        font-weight: bold;
        text-transform: uppercase;
        letter-spacing: 0.1em;
        letter-spacing: 0.1em;
        line-height: 2em;
        height: 2em;
        border-bottom: 1px solid #383838;
}
#menu_nav li a:hover {
        color: #1c1c1c;
        background: #ccc;
}
aside{text-align:center}
img {max-width: 100%;}

/*当视区宽度不小于768px时，就套用{}内的CSS样式*/
 @media only screen and (min-width: 768px) {
    .wrapper {
        width: 768px;
        margin: 0px auto;
    }

    #menu_nav {
        top: 5px;
        right: 10px;
        background: none;
    }

    #menu_nav li {
        display: inline-block; /*以区块方式在同一行显示*/
    }
}
</style>
<script>
//javascript object
var mainObject = {
```

```
        "about": {
            "title":"关于李清照",
            "content":"李清照号易安居士，前期词风婉约，委婉含蓄。<br>后期因历经国破家亡、
丧夫之痛，词风转为孤寂凄苦。<br>作词特点为音律和谐，善于白描，刻画细腻，形象生动，比喻贴切，
用典妥帖，善用叠字、叠句和对句，喜以浅白之字和寻常之语入词，浅近自然。<br>-以上文字取自维基百
科"
        },
        "poetry1": {
            "title":"菩萨蛮",
            "content":"风柔日薄春犹早，夹衫乍着心情好。<br>睡起觉微寒，梅花鬓上残。<br>故
乡何处是？忘了除非醉。<br>沈水卧时烧，香消酒未消。<br>归鸿声断残云碧，背窗雪落炉烟直。<br>
烛底凤钗明，钗头人胜轻。<br>角声催晓漏，曙色回牛斗。<br>春意看花难，西风留旧寒。<br>绿云鬓
上飞金雀，悉眉翠敛春烟薄。<br>香阁掩芙蓉，画屏山几重。<br>窗寒天欲曙，犹结同心苣。<br>啼粉
污罗衣，问郎何日归？"
        },
        "poetry2": {
            "title":"如梦令 春晚",
            "content":"昨夜雨疏风骤，<br>浓睡不消残酒。<br>试问卷帘人，<br>却道海棠依旧。
<br>知否？知否？<br>应是绿肥红瘦。"
        },
        "poetry3": {
            "title":"一剪梅",
            "content":"红藕香残玉簟秋。<br>轻解罗裳，独上兰舟。<br>云中谁寄锦书来？<br>
雁字回时，月满西楼。<br>花自飘零水自流。<br>一种相思，两处闲愁。<br>此情无计可消除，<br>才
下眉头，却上心头。"
        },
        "poetry4": {
            "title":"声声慢",
            "content":"寻寻觅觅，冷冷清清，凄凄惨惨戚戚。<br>乍暖还寒时候，最难将息。<br>
三杯两盏淡酒，怎敌他、晚来风急？<br>雁过也，正伤心，却是旧时相识。<br>满地黄花堆积，憔悴损，
如今有谁堪摘？<br>守着窗儿，独自怎生得黑？<br>梧桐更兼细雨，到黄昏、点点滴滴。<br>这次第，
怎一个愁字了得！"
        }
    };
    $(function(){
        $("a").click(function(){
            var objectName=$(this).attr("id")
            $("#title").html(mainObject[objectName][0]);
            $("#content").html(mainObject[objectName][1]);
        })
        $('#about').trigger('click');
    })
</script>
</head>
<body>
<div class="wrapper">
<header id="header">
    <nav id="menu_nav">
        <ul>
            <li><a href="#" id="about">关于李清照</a></li>
```

```
            <li><a href="#" id="poetry1" >菩萨蛮</a></li>
            <li><a href="#" id="poetry2">如梦令</a></li>
            <li><a href="#" id="poetry3">一剪梅</a></li>
            <li><a href="#" id="poetry4">声声慢</a></li>
        </ul>
    </nav>
</header>
<article id="flower">
    <section>
        <div id='title'></div>
        <div id='content'></div>
    </section>
    <aside>
        <img src="flower.jpg" alt="樱花图">
    </aside>

</article>
<footer>
    Copyright &copy; 2016 by Eileen.
</footer>
</div>

</body>
</html>
```

执行结果如图 8-3 所示。

图 8-3　范例 ch08_01.htm 的执行结果

范例第 5 行加入了 viewport 属性，在 CSS 语句里也加入了媒体查询，当浏览器视区宽度超过 768px 时，就会执行大括号内的语句：

```
@media only screen and (min-width: 768px) {
    .wrapper {
        width: 768px;
        margin: 0px auto;
    }
    #menu_nav {
        top: 5px;
        right: 10px;
        background: none;
    }
    #menu_nav li {
        display: inline-block; /*以区块方式在同一行显示*/
    }
}
```

因此，通过计算机的浏览器启动此范例网页时会看到如图 8-3 所示的执行结果，最上面的主菜单在同一行显示。改用手机等移动设备浏览时会呈现如图 8-4 所示的执行结果，主菜单往下排列显示，如此一来，无论什么样的浏览器都能显示最佳结果。

图 8-4　范例 ch08_01.htm 在手机屏幕上的执行结果

此处笔者选用宋朝才女李清照的诗词作为范例，单击上方的菜单时会切换不同的诗词，这里我们使用 JavaScript 的对象存储诗词文字，再使用 jQuery 操作索引以便显示需要的诗词。

范例中创建了一个名为 mainObject 的对象，语句如下：

```
var mainObject = {
    "about": {"title":"关于李清照","content":"..."},
    "poetry1": {"title":"菩萨蛮","content":"..."},
    "poetry2": {"title":"如梦令 春晚","content":"..."    },
    "poetry3": {"title":"一剪梅","content":"..."},
    "poetry4": {"title":"声声慢","content":"..."}
};
```

由于需要存储的数据有"菜单名称""标题"和"内文"3 部分，因此我们创建一个 mainObject 对象，将各个菜单定义为对象，包含 title 与 content 两个属性，单击不同的菜单按钮时就能获取对应属性值。例如，想要获取 about 里的 title 属性有两种方式，第一种方式如下表示：

```
mainObject.about.title
```

第二种方式如下表示：

```
mainObject.["about"].title
```

由于我们要让用户单击菜单时自动切换显示的内容，因此选用第二种方式，中括号[]里面可以用按钮的 id 名称取代，完整语句如下：

```
$("a").click(function(){
        var objectName=$(this).attr("id")    /*获取按钮的 id 值*/
        $("#title").html(mainObject[objectName].title);
        $("#content").html(mainObject[objectName].content);
})
```

为了一进入网页时先显示"关于李清照"的内容，我们可以用 jQuery 的 trigger()方法触发 about 按钮的 click 事件，语法如下：

```
$('#about').trigger('click');
```

如果你对 JavaScript 对象还不熟悉，请回到第 3 章参考第 3-2-3 小节"对象（Object）"的说明。

📖 学习小教室

关于图像宽度的设置

网页上的图像宽度设置通常会使用 max-width 属性取代 width 属性，当 max-width 属性设置为 100%时，图像宽度最宽只会显示图像原始宽度，可以避免图像因过度放大而变得模糊。

启动本书提供下载的文件夹 ch08 中的范例 widthTest.htm 就能清楚了解 max-width 属性与 width 属性的差别，这个范例的执行结果如图 8-5 所示。

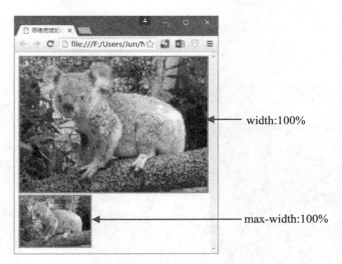

图 8-5　范例 widthTest.htm 的执行结果

　　树袋熊（考拉）照片宽度只有 150px，当 width 属性设置为 100%时，图像会随着浏览器宽度放大，属性 max-width 设置 100%的图像最大宽度就是 150px 了。

8-2　认识 Bootstrap 插件

　　Bootstrap 插件是近来红透半边天的响应式网页设计插件，包含 HTML、CSS 以及 jQuery 插件，不但开发快速，而且制作出来的网页符合响应式设计，无论版面还是外观都相当专业。现在就来一起认识 Bootstrap 插件吧！

8-2-1　Bootstrap 下载

　　虽然通过 CSS 的媒体查询可以让网页内容随着视区宽度自动缩放，实现 RWD 网页（响应式网页），不过一个完整的网站通常不会只有简单的文字和图像，常常会有影音甚至包括表格，要逐一设置类名称就要花费不少时间，这时可以考虑使用响应式网页插件—— Bootstrap。Bootstrap 插件与 jQuery 一样在使用前必须先导入 HTML 文件中，同样必须先下载插件。

下载 Bootstrap 插件

　　下载 Bootstrap 插件的网址为 http://www.getbootstrap.com/，网站首页如图 8-6 所示。
　　进入网站后，单击"Download Bootstrap"按钮就能下载该插件，你可以选择下载 Compiled 版本或 Source Code 版本。如果想自行修改，可以下载 Source Code 版本，一般直接下载 Compiled 版本就可以了。
　　解压缩后会看到 Bootstrap 文件夹，进入文件夹后会看到 3 个文件夹，分别是 css、fonts 和 js，如图 8-7 所示。

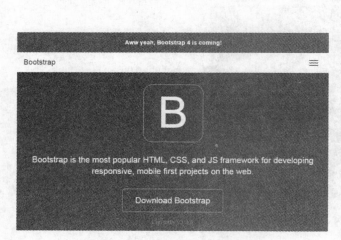

图 8-6 Bootstrap 插件的网站首页   图 8-7 Bootstrap 文件夹下的 3 个子文件夹

使用 Bootstrap 前必须导入 HTML 文件中，css 和 js 只要导入没有压缩的版本就可以。请注意，Bootstrap 的 js 也是使用 jQuery 语句，所以必须先导入 jQuery 再导入 Bootstrap，语句如下：

```
<link rel="stylesheet" href="bootstrap/bootstrap.min.css">
<script src="../jquery-2.2.1.min.js"></script>
<script src="bootstrap/bootstrap.min.js"></script>
```

当前使用的 Bootstrap 版本是 3.x，设计时优先考虑移动设备，为了确保正确显示，同样必须加上 viewport meta 标签。

8-2-2 Bootstrap 基本结构

Bootstrap 已经定义了一组 class 属性用来制作响应式（RWD）网页，基本结构如下：

```
<div class="container">
 <div class="row">
    <div class="col-*-*"></div>
    <div class="col-*-*"></div>
 </div>
 <div class="row">...</div>
</div>
```

Bootstrap 的最外层属性可以是 container 或 container-fluid，用来定义最外层的版面大小和模式，网页的内容以及 Grid System（网格系统或区块系统）都放在 container 里。

container

container 是固定的外围宽度，版面会居中，左右留白，如图 8-8 所示。

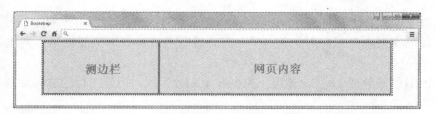

图 8-8　container 是固定的外围宽度，版面居中，左右留白

Bootstrap3 分别按照设备屏幕宽度定义版面的最佳宽度，分别是 Phones (<768px)宽度自动(auto)、Tablets (≥768px)宽度 750px、Medium Desktops (≥992px)宽度 970px 以及 Large Desktops (≥1200px)宽度 1170px。你可以在 http://getbootstrap.com/css/#grid 网址找到如图 8-9 所示的表格。此表格说明各种屏幕尺寸的 container 宽度和 class 前缀字。

Grid options

See how aspects of the Bootstrap grid system work across multiple devices with a handy table.

	Extra small devices Phones (<768px)	Small devices Tablets (≥768px)	Medium devices Desktops (≥992px)	Large devices Desktops (≥1200px)
Grid behavior	Horizontal at all times	Collapsed to start, horizontal above breakpoints		
Container width	None (auto)	750px	970px	1170px
Class prefix	.col-xs-	.col-sm-	.col-md-	.col-lg-
# of columns	12			
Column width	Auto	~62px	~81px	~97px
Gutter width	30px (15px on each side of a column)			
Nestable	Yes			
Offsets	Yes			
Column ordering	Yes			

图 8-9　bootstrap 提供的 Grid（网格或区块）选项

container-fluid

container-fluid 用于 100%视区宽度的网页，如图 8-10 所示。

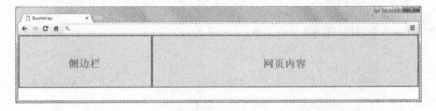

图 8-10　container-fluid 用于 100%视区宽度的网页

Bootstrap 运用 Grid System 技术将版面等分为 12 列，可以快速产生标准化版面，下面我们来认识 Grid System。

8-2-3　认识 Grid System

Grid System 是 Bootstrap 制作响应式网页很重要的一环，Grid System 原本应用于平面设计，目的是为了快速排版、使版面整齐。Bootstrap 将 Grid System 概念应用于响应式网页，不直接指定版面字段的宽度而是以相对比例（%）方式进行设计，让网页能根据不同设备尺寸调整版面。

Bootstrap 版面等分成 12 列，你可以根据需求划分字段，但是一行的总和必须等于 12 列，如图 8-11 所示。

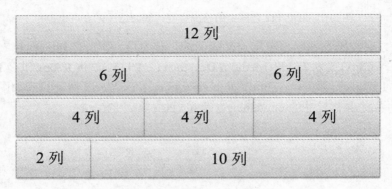

图 8-11　Bootstrap 版面等分成 12 列

Bootstrap Grid System 的 4 种设备类型前缀字如下：

```
Phones (<768px): .col-xs-
Tablets (≥768px): .col-sm-
Medium Desktops (≥992px): col-md-
Large Desktops (≥1200px): .col-lg-
```

前缀字加上列数就可以定义版面布局的样式，例如想要定义大于 1200px 屏幕宽度时的三等分版面，class 属性的样式可以如下表示：

```
<div class="row">
<div class="col-lg-4"></div>
<div class="col-lg-4"></div>
<div class="col-lg-4"></div>
</div>
```

如此一来，就会得到如图 8-12 所示的三等分版面。

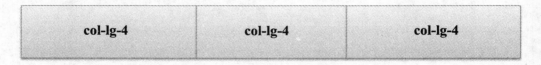

图 8-12　三等分版面

如果要让不同设备显示不同版面，可以将样式加入 class 属性中间并以空格隔开，例如：

```
<div class="row">
  <div class="col-xs-9 col-md-8">.col-xs-9 .col-md-8</div>
  <div class="col-xs-6 col-md-4">.col-xs-6 .col-md-4</div>
</div>
```

如此一来，当视区宽度大于 992px 时会套用 col-md-*样式，如图 8-13 所示。

图 8-13　当视区宽度大于 992px 时会套用 col-md-*样式

视区宽度小于 768px 时会套用 col-xs-*样式。注意上面语句中的 col-xs-*样式加起来大于 12 列，因而会被放到下一行，如图 8-14 所示。

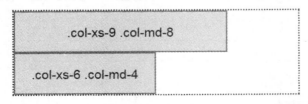

图 8-14　如果 col-xs-*样式加起来大于 12 列，就会被放到下一行

8-2-4　创建表格

Bootstrap 提供了完整的表格样式，以往制作表格可能会为了框线和颜色而伤脑筋，现在有了 Bootstrap 的 CSS 样式帮忙，制作表格变得非常轻松愉快。下面通过表 8-3 来看 Bootstrap 支持哪些 HTML 表格标签。

表 8-3　Bootstrap 支持的 HTML 表格标签

HTML 标签	说明
\<table>	定义表格
\<thead>	表格的表头标题，与\<tbody>一起组成完整表格
\<tbody>	表格主体，里面放置\<tr>\<td>组成行与列
\<tr>	产生一行
\<td>	在一行里产生一列
\<th>	产生标题栏
\<caption>	表格描述。caption 标签必须放在 table 标签后，每个表格只能定义一个标题，此标题会被放在表格上方

Bootstrap 提供了一些类样式可以直接加入\<table>标签，以产生专业的表格，样式如表 8-4 所示。

表 8-4　Bootstrap 提供的类样式

类样式	说明
.table	只有水平分隔线
.table-striped	奇偶行不同颜色
.table-bordered	单元格加入边框
.table-hover	鼠标移过\<tbody>里的行产生颜色变化的效果
.table-condensed	单元格的内距（padding）缩小

另外，可以单独针对行或单元格套用语义类样式，让行或单元格产生不同颜色，如表 8-5 所示。

表 8-5　语义类样式说明

语意类样式	说明
.active	设置鼠标移入行或单元格时的颜色
.success	表示成功操作
.info	表示信息变更或执行
.warning	表示可能需要注意的警示
.danger	表示存在危险或潜在的负面作用

.table-responsive 样式能让表格变成响应式表格，当视区宽度小于 768px 表格字段无法全部显示时，表格会产生水平滚动条，让用户可以进行水平滚动。

下面通过范例进行实际操作，可以打开 ch08_02_un.htm 跟着范例实践。

范例：ch08_02.htm

```
<!DOCTYPE html>
<html>
<head>
<meta charset="utf-8">
<meta name="viewport" content="width=device-width, initial-scale=1">
<title>Bootstrap 表格设置</title>
<link rel="stylesheet" href="bootstrap/bootstrap.min.css">
<script src="../jquery-2.2.1.min.js"></script>
<script src="bootstrap/bootstrap.min.js"></script>
</head>
<body>
<div class="container table-responsive">
<table class="table table-striped table-hover">
   <caption>2016 年第一学期成绩表</caption>
   <thead>
     <tr>
        <th>学生姓名</th>
        <th>语文</th>
        <th>英语</th>
        <th>数学</th>
        <th>地理</th>
        <th>历史</th>
        <th>科学</th>
        <th>体育</th>
     </tr>
   </thead>
   <tbody>
    <tr>
        <td>张三风</td>
        <td>80</td>
```

```
            <td class="warning">56</td>
            <td>88</td>
            <td class="warning">59</td>
            <td>83</td>
            <td class="success">93</td>
            <td class="warning">50</td>
        </tr>
        <tr>
            <td>李小白</td>
            <td>70</td>
            <td class="success">90</td>
            <td class="warning">55</td>
            <td>65</td>
            <td>80</td>
            <td class="success">95</td>
            <td>50</td>
        </tr>
        <tr>
            <td>陈小凌</td>
            <td class="success">95</td>
            <td class="success">92</td>
            <td>80</td>
            <td>68</td>
            <td>86</td>
            <td class="success">98</td>
            <td class="warning">59</td>
        </tr>
    </tbody>
</table>
</div>
</body>
</html>
```

执行结果如图 8-15 所示。

2016年第一学期成绩表							
学生姓名	语文	英语	数学	地理	历史	科学	体育
张三凤	80	56	88	59	83	93	50
李小白	70	90	55	65	80	95	50
陈小凌	95	92	80	68	86	98	59

图 8-15　范例 ch08_02.htm 的执行结果

　　范例中为表格<table>添加了.table 样式，建立起基本表格并加入.table-striped 样式，让奇偶行产生不同颜色，再加上.table-hover 样式，当鼠标移过<tbody>定义的行时行就会改变颜色。另外，范例中通过语义类样式来设置单元格的颜色，当学生分数超过 90 分就加入.success 样式，分数超过 50 分就加入.warning 样式，轻轻松松就完成了美观又实用的表格。

为了让表格具有响应式效果，我们在表格外围的<div>标签添加了.table-responsive 样式，当屏幕宽度小于 768px 时表格就会自动显示水平滚动条，如图 8-16 所示。

2016年第一学期成绩表				
学生姓名	语文	英语	数学	地理
张三风	80	56	88	59
李小白	70	90	55	65
陈小凌	95	92	80	68

图 8-16　当屏幕宽度小于 768px 时表格就会自动显示水平滚动条

8-2-5　创建响应式图像

前面我们提过响应式图像的制作方式，利用 Bootstrap 就更简单了，只要一个.img-responsive 样式就可以搞定。下面来看.img-responsive 样式的用法：

```
<img src="..." class="img-responsive">
```

例如：

```
<img src="flower.jpg" class="img-responsive">
```

执行结果如图 8-17 所示，当屏幕宽度改变时图像也会跟着缩放。

图 8-17　响应式图像在屏幕宽度改变时也会跟着缩放

.img-responsive 样式其实就是套用如下 CSS 语句，可以产生很好的响应式效果。

```
img{max-width:100%;height:auto;display:block;}
```

另外，Bootstrap 提供了表 8-6 所示的 3 种样式用于设置图像的外形。

表 8-6　Bootstrap 提供的 3 种样式

类样式	说明
.img-rounded	图像套用圆角外形
.img-circle	图像套用圆形外形
.img-thumbnail	图像套用圆角边框外形

你可以打开 ch08_03_un.htm 跟着范例试着为图像添加不同外形。

范例：ch08_03.htm

```
<!DOCTYPE html>
<html>
<head>
<meta charset="utf-8">
<meta name="viewport" content="width=device-width, initial-scale=1">
<title>Bootstrap 图像设置</title>
<link rel="stylesheet" href="bootstrap/bootstrap.min.css">
<script src="../jquery-2.2.1.min.js"></script>
<script src="bootstrap/bootstrap.min.js"></script>
</head>
<body>
<div class="container">
<img src="koala.jpg" alt="树袋熊" class="img-rounded">
<img src="koala.jpg" alt="树袋熊" class="img-circle">
<img src="koala.jpg" alt="树袋熊" class="img-thumbnail">
</div>
</body>
</html>
```

执行结果如图 8-18 所示。

图 8-18　范例 ch08_03.htm 的执行结果

除了表格和图像外，Bootstrap 还提供了许多功能，例如下拉式列表（Dropdown）、窗体（From）以及按钮（Button）等，在第 11 章范例实践中还会继续介绍一些实用的 Bootstrap 功能。不过，Bootstrap 功能很多，无法一一介绍，可以到 Bootstrap 官方网站参考 Bootstrap CSS 的说明与范例，网址为 http://getbootstrap.com/css/。

第9章

Web Storage 网页存储

制作网页时有时希望记录一些用户信息，例如用户登录状态、计数器或小游戏分数纪录等，但是又不希望大费周章用到数据库，这时 Web Storage（页面存储）技术就是最佳选择。使用 Web Storage 技术能将数据存储在用户浏览器以供随时读取使用。本章将介绍 HTML5 的 Web Storage 技术。

9-1　认识 Web Storage

Web Storage 是一种将少量数据存储于 client（客户端）硬盘的技术。只要是支持 WebStorage API 规格的浏览器，网页设计者都可以使用 JavaScript 进行操作，我们先来了解一下 Web Storage。

9-1-1　Web Storage 的概念

在没有 Web Storage 之前其实就有在客户端存储少量数据的功能，称之为 cookie，这两者的异同之处如下：

- 存储大小不同：Cookie 只允许每个网站在客户端存储 4KB 数据，而在 HTML5 规范里，Web Storage 的容量由客户端程序（浏览器）决定，一般是 1MB~5MB。
- 安全性不同：cookie 每次处理网页的请求都会连带传送 cookie 值给服务器端（server），使得安全性降低，Web Storage 纯粹运行于客户端，不会有这样的问题。
- 以一组 key-value 对应保存数据：cookies 是以一组 key/value 对应组合保存数据，Web Storage 也采用同样的方式。

Web Storage 提供了两个对象用于将数据保存在客户端，一个是 localStorage，另一个是 sessionStorage。两者的主要差异在于生命周期和有效范围，可参考表 9-1。

表 9-1　localStorage 与 sessionStorage 的差异

Web Storage 类型	生命周期	有效范围
localStorage	执行删除指令才会消失	同一网站的网页可跨窗口和分页
sessionStorage	浏览器窗口或分页（tab）关闭就会消失	只对当前浏览器窗口或分页有效

接下来检测浏览器是否支持 Web Storage。

9-1-2　检测浏览器是否支持 Web Storage

为了避免浏览器不支持 Web Storage 功能，我们在操作之前最好先检测一下浏览器是否支持这项功能。其语句如下：

```
if(typeof(Storage)=="undefined")
{
    alert("您的浏览器不支持 Web Storage")
}else{
```

```
        //localStorage 和 sessionStorage 程序代码
    }
```

当浏览器不支持 Web Storage 时会跳出警示窗口，如果支持就执行 localStorage 和 sessionStorage 程序代码。

目前，Internet Explorer 8+、Firefox、Opera、Chrome 以及 Safari 都支持 Web Storage。不过需要注意，IE 和 Firefox 测试时需要把文件上传到服务器或 localhost 才能执行，建议在测试时使用 Google Chrome 浏览器。

9-2　localStorage 和 sessionStorage

localStorage 的生命周期和有效范围与 Cookie 类似，其生命周期由网页程序设计者自行指定，不会随着浏览器关闭而消失，适合用在数据需要跨分页或跨窗口的场合，关闭浏览器后除非执行清除操作，否则 localStorage 数据会一直存在；sessionStorage 在浏览器窗口或分页（tab）关闭后数据就会消失，数据只对当前窗口或分页有效，适合用在数据暂时保存的场合。接下来，我们来看如何使用 localStorage。

9-2-1　存取 localStorage

JavaScript 基于"同源策略"（Same-Origin Policy），限制来自相同网站的网页才能相互调用，localStorage API 通过 JavaScript 调用，同样只有来自相同来源的网页才能获取同一个 localStorage。

什么叫做相同网站的网页呢？相同网站的协议、主机（域名与 IP 地址）、传输端口（Port）都必须相同。举例来说，下面 3 种状况都视为不同来源：

（1）http://www.abc.com 与 https://www.abc.com（协议不同）

（2）http://www.abc.com 与 https://www.abcd.com（域名不同)

（3）http://www.abc.com:801/与 https://www.abc.com:8080/（端口不同）

在 HTML5 标准中，Web Storage 只允许存储字符串数据，存取方式有下列 3 种可供选用：

（1）Storage 对象的 setItem 和 getItem 方法

（2）数组索引（数组下标）

（3）属性

下面逐一来看这 3 种存取 localStorage 的写法。

Storage 对象的 setItem 和 getItem 方法

存储时使用 setItem 方法，格式如下：

```
window.localStorage.setItem(key, value);
```

例如，我们想指定一个 localStorage 变量 userdata 并指定其值为 Hello!HTML5，程序代码可以这样编写：

```
window.localStorage.setItem("userdata", " Hello!HTML5");
```

当我们想读取 userdata 数据时，可以使用 getItem 方法，格式如下：

```
window.localStorage.getItem(key);
```

例如：

```
var value1 = window.localStorage.getItem("userdata");
```

数组索引

存入语句：

```
window.localStorage["userdata"] = "Hello!HTML5";
```

读取语句：

```
var value = window.localStorage["userdata"];
```

属性

存入语句：

```
window.localStorage.userdata= "Hello!HTML5";
```

读取语句：

```
var value1 = window.localStorage.userdata;
```

> **提示**
>
> 前面的 window 可以省略不写。

下面我们通过范例实际操作。本章范例的效果建议用 Chrome 浏览器浏览。

范例：ch09_01.htm

```
<!DOCTYPE html>
<html>
<head>
<meta charset="utf-8">

<title>ch09_01</title>
<link rel=stylesheet href="../style.css">
<script src="../jquery-2.2.1.min.js"></script>

<script>
$(function() {
        if($.type(Storage)==="undefined")
        {
            alert("Sorry!!您的浏览器不支持 Web Storage");
        }else{
            $("#btn_save").click(saveToLocalStorage);
            $("#btn_load").click(loadFromLocalStorage);
```

```
        }
})

function saveToLocalStorage(){
     localStorage.username = $("#inputname").val();
}

function loadFromLocalStorage(){
        $("#show_LocalStorage").html(localStorage.username+" 您好~欢迎来到我
的网站~");
}
</script>
</head>
<body>
<body>
<img src="images/welcome.jpg"><br>
    请输入您的姓名：<input type="text" id="inputname" value=""><br>
   <div id="show_LocalStorage"></div><br>
   <button id="btn_save">存入 local storage</button><br>
   <button id="btn_load">读取 local storage</button>
</body>
</body>
</html>
```

执行结果如图 9-1 所示。

图 9-1　范例 ch09_01.htm 的执行结果

当用户输入姓名并单击"存入 local storage"按钮时，数据会存储起来；当用户单击"读取 local storage"按钮时会显示姓名和欢迎信息，如图 9-2 所示。

请将浏览器窗口关闭，重新启动这个 HTML 范例，直接单击"读取 local storage"按钮试试，会发现存入的 local storage 数据一直都在，不会因为关闭浏览器而消失。

图 9-2　范例 ch09_01.htm 演示的 localStorage 功能

9-2-2　清除 localStorage

想要清除某一笔 localStorage 数据，可以调用 removeItem 方法或 delete 属性，例如：

```
window.localStorage.removeItem("userdata");
delete window.localStorage.userdata;
delete window.localStorage["userdata"]
```

想清除 localStorage 的全部数据，可以使用 clear()方法。

```
localStorage.clear();
```

下面延续 ch09-01.htm 的范例，增加一个"清除 local storage"按钮。

范例：ch09_02.htm

```
<!DOCTYPE html>
<html>
<head>
<title>ch09_02</title>
<link rel=stylesheet type="text/css" href="color.css">
<script type="text/javascript">
function onLoad() {
        if(typeof(Storage)=="undefined")
        {
            alert("Sorry!!您的浏览器不支持 Web Storage");
        }else{
            btn_save.addEventListener("click", saveToLocalStorage);
            btn_load.addEventListener("click", loadFromLocalStorage);
            btn_clear.addEventListener("click", clearLocalStorage);
        }
}

function saveToLocalStorage(){
```

```
            localStorage.username = inputname.value;
    }

    function loadFromLocalStorage(){
            show_LocalStorage.innerHTML= localStorage.username+" 您好~欢迎来到我
的网站~";
    }

    function clearLocalStorage(){
            localStorage.clear();
            $("#show_LocalStorage").html($.type(localStorage.username));
            alert("localStorage 数据被清除了")
    }

</script>
</head>
<body>
<body onload="onLoad()">
<img src="images/welcome.jpg" /><br />
    请输入您的姓名：<input type="text" id="inputname" value=""><br />
   <div id="show_LocalStorage"></div><br />
   <button id="btn_save">存入 local storage</button>
   <button id="btn_load">读取 local storage </button>
   <button id="btn_clear">清除 local storage </button>
</body>
</body>
</html>
```

执行结果如图 9-3 所示。

图 9-3 范例 ch09_02.htm 的执行结果

176

9-2-3　存取 sessionStorage

sessionStorage 只能保存在单个浏览器窗口或分页（Tab），中，浏览器一旦关闭，存储的数据就消失了。因此，sessionStorage 最大的用途在于保存一些临时数据，防止用户不小心刷新网页时数据就不见了。sessionStorage 的操作方法与 localStorage 相同，下面整理出 sessionStorage 存取语句供读者参考，不再重复说明。

存入语句如下：

```
window.sessionStorage.setItem("userdata", " Hello!HTML5");
window.sessionStorage ["userdata"] = "Hello!HTML5";
window.sessionStorage.userdata= "Hello!HTML5";
```

读取语句如下：

```
var value1 = window.sessionStorage.getItem("userdata");
var value1 = window.sessionStorage["userdata"];
var value1 = window.sessionStorage.userdata;
```

清除语句如下：

```
window.sessionStorage.removeItem("userdata");
delete window.sessionStorage.userdata;
delete window.sessionStorage ["userdata"]
//清除全部
sessionStorage.clear();
```

9-3　Web Storage 实例练习

学习至此，相信你已经对 Web Storage 的操作相当了解。下面我们使用 localStorage 和 sessionStorage 实现两个网页上常见且实用的功能，一个是"登录/注销"和"计数器"，另一个是"购物车"。

9-3-1　登录/注销和计数器

使用 localStorage 数据保存的特性，我们可以实现一个登录/注销界面并统计用户的进站次数（计数器）。屏幕界面如图 9-4 所示。

图 9-4　范例 ch09_03.htm 执行后的界面

此范例将会有以下 4 个操作步骤：

步骤 01 当用户单击"登录"按钮时，出现"请输入姓名"文本框让用户输入姓名。

步骤 02 单击"提交"按钮后，将姓名存入 localStorage。

步骤 03 重新加载页面，将进入网站的次数存入 localStorage，并将用户姓名和进站次数显示于<div>标签中。

步骤 04 单击"注销"按钮后，<div>标签显示已注销，并清空 localStorage。

范例：ch09_03.htm

```html
<!DOCTYPE html>
<html>
<head>
<title>ch09_03</title>
<meta charset="utf-8">

<link rel=stylesheet href="../style.css">
<script src="../jquery-2.2.1.min.js"></script>
<script>
$(function() {

        $("#inputSpan").hide();      /*隐藏姓名输入框和提交按钮*/
        if($.type(Storage)==="undefined")
        {
            alert("Sorry!!您的浏览器不支持 Web Storage");
        }else{
        /*判断姓名是否已存入 localStorage，已存入时执行{}内的指令*/
            if (localStorage.username) {
                /*localStorage.counter 数据不存在时返回 undefined*/
                if (!localStorage.counter) {
                    localStorage.counter = 1;          /*初始值设为1*/
                } else {
                    localStorage.counter++;       /*递增*/
                }
                $("#inputSpan").hide();      /*隐藏姓名输入框以及"提交"按钮*/
                $("#show_LocalStorage").html(localStorage.username+" 您好,
这是您第"+localStorage.counter+"次来到网站~");
            }

        $("#btn_login").click(login);
        $("#btn_send").click(sendok);
        $("#btn_logout").click(clearLocalStorage);
    }
})
```

```
function sendok(){
        localStorage.username=inputname.value;
        location.reload();              /*重新加载网页*/

}
function login(){
    $("#inputSpan").show();              /*显示姓名输入框以及"提交"按钮*/
    $("#show_LocalStorage").html("");
}
function clearLocalStorage(){
        localStorage.clear();            /*清空 localStorage*/
        $("#show_LocalStorage").html("已成功注销!!");
        $("#btn_login").show();          /*显示登录按钮*/
        $("#inputSpan").hide();          /*显示姓名输入框以及"提交"按钮*/
}
</script>
</head>
<body>
<button id="btn_login">登录</button>
<button id="btn_logout">注销</button> <br>
<img src="images/welcome.jpg"><br>
<span id="inputSpan">请输入您的姓名：<input type="text" id="inputname" value=""
size="10"><br>
<button id="btn_send">送出</button></span><br>
<div id="show_LocalStorage"></div>
</body>
</html>
```

执行结果如图 9-5 和图 9-6 所示。

图 9-5　范例 ch09_03.htm 的执行步骤 1

单击此按钮
即可注销

这里会显示姓名
和进站次数

图 9-6 范例 ch09_03.htm 的执行步骤 2

我们来看范例中几个主要的程序代码。

登录

当用户单击"提交"按钮时,会调用 sendok 函数将姓名存入 localStorage 的 username 变量中,并重新加载网页,语句如下:

```
function sendok(){
        localStorage.username=inputname.value;
        location.reload();          /*重新加载网页*/
}
```

每次重新加载网页时计数器加 1

计数器加 1 的时间点是在重新加载网页时,因此程序可以编写在 onLoad 函数里,计数器累加的语句如下:

```
if (!localStorage.counter) {          /*localStorage.counter 数据不存在*/
   localStorage.counter = 1;          /*初始值设为1*/
} else {
   localStorage.counter++;       /*递增*/
}
```

我们要检查浏览器是否支持这个 webStorage API,可以检查 localStorage 数据是否存在,语句如下:

```
if (localStorage.counter) { }
```

提示

如果使用 getItem 的方式取出值,当数据不存在时会返回 null;用属性和数组索引方式存取会返回 undefined。

最后介绍注销的操作,只要清除 localStorage 里面的数据并将"登录"按钮、"姓名"输入框和"提交"按钮显示出来就完成了,语句如下:

```
function clearLocalStorage(){
        localStorage.clear();           /*清空 localStorage*/
        $("#show_LocalStorage").html("已成功注销！！");
        $("#btn_login").show();  /*显示"登录"按钮*/
        $("#inputSpan").hide();   /*显示"姓名"输入框和"提交"按钮*/
}
```

学习小教室

Web Storage 的数字相加

JavaScript 里的运算符 "+" 号除了进行数字相加外，也可以进行字符串相加，例如 "abc"+456 会被认为是字符串相加，因此会得到"abc456"。如果数字是字符串类型，那么也会进行字符串相加，例如"123"+456 会得到"123456"。

在 HTML5 标准中，Web Storage 只能存入字符串，就算 localStorage 和 sessionStorage 存入数字，仍然是字符串类型。因此，当我们想要进行数字运算时，必须先把 Storage 里的数据转换成数字才能进行运算，例如范例中的表达式：

```
localStorage.counter++;
```

你可以试着把它改成：

```
localStorage.counter = localStorage.counter+1;
```

你会发现得到的结果不是累加，而是 1111……

JavaScript 字符串转数字的方法可以调用 Number()方法，它会自动判断数字是整数还是浮点数（有小数点的数），从而进行正确的转换，用法如下：

```
localStorage.counter = Number(localStorage.counter)+1;
```

递增运算符（++）与递减运算符（--）原本就是进行数字运算，因此不需要进行转换，JavaScript 会强制转换为数字类型。

9-3-2 购物车

Web Storage 存储空间够大，存取都在客户端（Client）完成。先在客户端进行数据检查不仅可以提升访问速度，还会降低服务器的负担。例如，购物网站常见的购物车就很适合用 Web Storage 实现。本节以购物车为例进行练习。

通常，顾客到购物网站购物会先登录会员（或结账时登录会员），然后浏览商品，决定商品后放入购物车，最后进行结账，如图 9-7 所示。

图 9-7 购物网站的购物流程

在本章的范例中,我们将模拟用户登录购物网站、选购商品放入购物车。

购物车

什么是购物车呢?用户将选择的商品放到暂存区,选好之后进行结账,这个暂存区就称为购物车。就像我们到超市买东西会先将商品放到手推车中,选好之后再到柜台结账一样。

Web Storage 暂存

使用 Web Storage 暂存用户选购的商品时必须考虑使用 localStorage 还是 sessionStorage。

- 用户关闭网页、购物车继续保留时使用 localStorage。
- 用户关闭网页、购物车不保留时使用 sessionStorage。

这个范例希望用户关闭网页时继续保留购物车的数据,因此我们使用 localStorage 实现购物车。

会员登录

购物网站通常要求用户先创建会员数据,并将会员数据存入数据库,用户日后登录时对比输入的账号密码是否与数据库会员系统符合,再进行结账流程。

这个范例默认用户必须先登录网站再进行商品选购(此处登录模拟账号为 guest、密码为 1234 的用户),进入购物页面前先检查账号和密码。如果账号和密码正确,就把账号和密码暂存在 Web Storage。这样一来,用户无论进入网站中的任何一个网页,账号和密码都会存在。要特别注意,账号可以存储于 localStorage,在用户下次进入网页时自动显示账号,但是密码是重要信息,为了保障用户账号的安全性,密码最好随着窗口关闭而删除,因此 sessionStorage 是比较好的选择。

实现购物车

下面我们来看会员登录的部分。

范例:ch09_04.htm

```
<!DOCTYPE html>
<html>
<head>
<title>ch09_04</title>
<meta charset="utf-8">

<link rel=stylesheet href="../style.css">
<script src="../jquery-2.2.1.min.js"></script>
<script>
$(function(){
if(localStorage.userid)
    $("#userid").val(localStorage.userid);

$("#frm1").submit(function(){
    return sendok();
```

```
    })

    function sendok(){
        if($("#userid").val()!="" && $("#userpwd").val()!=""){
            localStorage.userid=$("#userid").val();
            sessionStorage.userpwd=$("#userpwd").val();
            return true;
        }else{
            alert("请输入账号");
            return false;
        }
    }

    })
    </script>
    </head>
    <body>
    <img src="images/logo.png" />
    <form method="post" id="frm1" action="ch010_05.htm">
        请输入您的账号：<br />
        <input type="text" id="userid" value="" autofocus><br />
        请输入您的密码：<br />
        <input type="password" id="userpwd" value=""><br /><font
    style="font-size:12px">
        (测试账号：guest 密码:1234)</font><br />
        <input id="btn_send" type="submit" value="送出"><br />
    </form>
    </body>
    </html>
```

执行结果如图 9-8 所示。

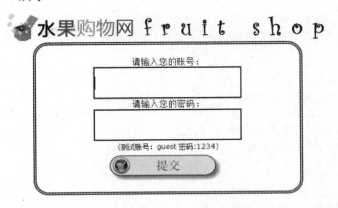

图 9-8　范例 ch09_04.htm 的执行结果

范例中使用如下窗体，并且使用 action 属性指定 ch09_05.htm 网页。这样一来，当用户单击"提交"按钮时，数据会传送到 ch09_05.htm 网页进行处理。

```
<form method="post" action="ch09_05.htm">
……
```

```
<input id="btn_send" type="submit" value="提交">
</form>
```

可以看到，"提交"按钮使用的是 submit 按钮，单击按钮时会触发 form 的 onsubmit 事件，执行 sendok()函数。sendok()函数用于检查用户是否输入了账号和密码，若输入了，则将账号存入 localStorage 的 userid，密码存入 sessionStorage 的 userpwd，然后返回 true（真）；若没有输入，则返回 false（假）。onsubmit 事件接收返回结果为 true 时才会提交 form 数据。sendok()函数执行的语句如下：

```
function sendok(){
    if($("#userid").val()!="" && $("#userpwd").val()!=""){
        localStorage.userid=$("#userid").val();
        sessionStorage.userpwd=$("#userpwd").val();
        return true;
    }else{
        alert("请输入账号");
        return false;
    }
}
```

成功提交 form 后会传送数据到 ch09_05.htm，也就是购物车的网页。

范例：Ch09_05.htm

```
<!DOCTYPE html>
<html>
<head>
<title>水果配送购物网</title>
<meta charset="utf-8">
<link rel=stylesheet href="../style.css">

<link rel=stylesheet href="cart_color.css">
<script src="../jquery-2.2.1.min.js"></script>

<script>
$(function(){
        //模拟检测账号、密码
        if(localStorage.userid!="guest" || sessionStorage.userpwd!="1234"){
            alert("账号或密码错误，请回首页登录！！");
            sessionStorage.removeItem('userpwd');
            document.location="ch09_04.htm";
        }
        //显示用户账号
        $("#showuserid").html(localStorage.userid);
        var div_list="";
        //将商品信息存入数组
        var sale_item=new Array("水果蛋糕","葡萄","奇异果","柠檬","苹果派",
"菠萝","水果组合","苹果","水果茶");
        //显示商品
        $.each( sale_item, function( key, value){
```

```
            div_list+="<div class='fruit'>";
            div_list+="<img class='img_fruit'
src='images/fruit"+key+".png'><br>";
            div_list+="<span style='color:#ff0000'>" + sale_item[key] +
"</span><br>";
            div_list+="数量<input type='number' class='item_num'
value='1'><img class='cartButton' id='"+key+"' src='images/cart_icon.png'>";
            div_list+="</div>";
        })

        $("#div_sale").append(div_list);

        //检查 Cartlist 是否仍有数据，有则加载
        if(localStorage.Cartlist)
            $("#shopping_list").val("您的购物清单："+
localStorage.Cartlist).height($("#shopping_list").prop("scrollHeight") +
'px');
        else
            $("#shopping_list").val("您的购物清单：");


        $("#clearButton").click(clearCart);
        $(".cartButton").click(addtoCart);
        $("#logout").click(logout);



    /***********清空购物车************/
    function clearCart(){
        $("#shopping_list").val("您的购物清单：").height('35px');
        localStorage.removeItem("Cartlist");        /*清空 localStorage*/
    }

    /***********加入购物车************/
    function addtoCart(){
        var checkselect="";
        var buyItemName = sale_item[$(this).attr("id")];
        var buyItemNum = $(this).prev('.item_num').val();

        checkselect+="\n"+buyItemName+" * "+buyItemNum;

        if(!localStorage.Cartlist)
            localStorage.Cartlist=checkselect;
        else
            localStorage.Cartlist+=checkselect;

        $("#shopping_list").val("您的购物清单：
"+localStorage.Cartlist).height($("#shopping_list").prop("scrollHeight") +
'px');
    }
```

```
        //注销
        function logout(){
            localStorage.removeItem('userpwd');
            sessionStorage.clear();
            document.location='ch09_04.htm';
        }

    })
    </script>
    </head>
    <body>
        <div id="main">
            <header> 欢迎光临 <button id='logout'> 注销 </button></header>
<span id="showuserid"></span> 您好<br>请选择要购买的商品!<br>
            <button id="clearButton"> 清空购物车 </button><br>
            <textarea id="shopping_list"></textarea>
            <div id="div_sale"></div>
        </div>
        <footer>
        店面营业时间：周一~周五 8:30~20:30<br>
        服务邮箱：fruitshop@happy.net<br>
        配送电话：123-45678
        </footer>
    </body>
    </html>
```

执行结果如图 9-9 所示。

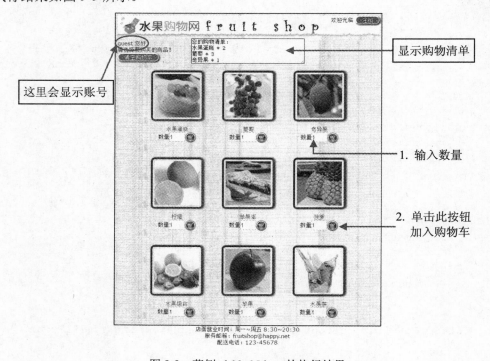

图 9-9 范例 ch09_05.htm 的执行结果

一进入网页会在左上角显示用户账号，输入数量并单击购物车图标按钮，选购的商品就会显示在"您的购物清单："区域里。这一范例网页包含以下 4 个操作：

步骤 01　商品清单。
步骤 02　输入数量加入购物车并显示于购物清单中。
步骤 03　清空购物车。
步骤 04　注销。

下面逐一进行说明。

商品清单

一个购物网站的商品相当多，一一将商品图像和商品说明放上网页是一个既耗时又费力的工程，为了方便商品上架与管理，通常会将商品数据存入数据库，并提供商品增加和修改界面，让商家添加和编辑商品信息。在此不介绍数据库部分，笔者以数组存放商品数据模拟商品数据库。

网页加载时会先把商品信息加载进来，并将图像和商品名称显示于网页上。

```
var div_list="";
//将商品信息存入数组
var sale_item=new Array("水果蛋糕","葡萄","奇异果","柠檬","苹果派","菠萝","水果
组合","苹果","水果茶");
//显示商品
$.each( sale_item, function( key, value){
        div_list+="<div class='fruit'>";
        div_list+="<img class='img_fruit'
src='images/fruit"+key+".png'><br>";
        div_list+="<span style='color:#ff0000'>" + sale_item[key]
+"</span><br>";
        div_list+="数量<input type='number' class='item_num'
value='1'><img class='cartButton' id='"+key+"' src='images/cart_icon.png'>";
        div_list+="</div>";
    })

    $("#div_sale").append(div_list);
```

数组在前面章节已经介绍过,在此稍微复习一个数组的用法。一个数组可以存储多笔数据，JavaScript 是用 new Array()声明数组，声明方法如下：

```
//声明数组的名称，但不赋初值
var array_name = new Array() ;
//声明数组的名称和长度，但不赋初值
var array_name = new Array(length) ;
//声明数组名、长度和初值
var array_name = new Array(data1 , data2 , data3 , ... , dataN) ;
```

数组的各项称为该数组的元素（element），数组的数据项数称为该数组的长度（length）。要取出数组的数据，直接以数组的下标值（索引值）取出数组对应项的值，语句如下：

```
array_name[index];
```

Index（下标或索引）是指数组数据的位置，index 值从 0 开始，例如想取出数组第一项的数据，编写 array_name[0]即可。数组中的数据总项数是 length，也就是说如果数组长度为 5，项数就是 5 项。

我们再回头看一下这个购物车范例是如何声明数组的：

```
var sale_item=new Array("水果蛋糕","葡萄","奇异果","柠檬","苹果派","菠萝","水果
组合","苹果","水果茶");
```

在 sale_item 数组中存了 9 样商品，如果想取出数组中的第 5 项"苹果派"，可以这样表示：

```
sale_item[4];
```

现在来看如何将图像和说明显示到网页上。

```
$.each( sale_item, function( key, value){
        div_list+="<div class='fruit'>";
        div_list+="<img class='img_fruit'
src='images/fruit"+key+".png'><br>";
        div_list+="<span style='color:#ff0000'>" + sale_item[key]
+"</span><br>";
        div_list+="数量<input type='number' class='item_num'
value='1'><img class='cartButton' id='"+key+"' src='images/cart_icon.png'>";
        div_list+="</div>";
    })

    $("#div_sale").append(div_list);
```

上面的程序以循环自动产生<div>标签，<div>里包含商品图像、商品名称和"购物车"按钮。如果我们将 JavaScript 程序去掉，HTML 语句就像下面这样：

```
<div class='fruit'>
<img class='img_fruit' src='images/fruit1.png'><br>
<font style='color:#ff0000'>sale_item[1]</font><br>
数量<input type='number' class='item_num' value='1'><img class='cartButton'
id='1' src='images/cart_icon.png'>
</div>
```

可以看到商品图像的文件名刻意存成 fruit0.png、fruit1.png、fruit2.png……只要商品图像与数组的下标值对应，就可以找出正确的商品图像。例如，图 9-10 中"水果蛋糕"是数组的第一个值，也就是 sale_item[0]，fruit0.png 就是水果蛋糕的商品图像。

使用循环产生商品图像有个好处，日后如果有新增商品，只要在数组增加新元素，网页就会自动显示新增商品，完全不需要大费周章修改 HTML 程序代码。

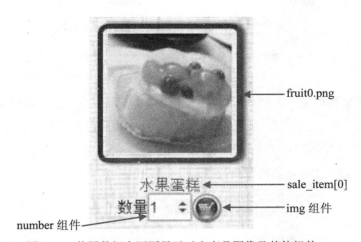

图 9-10　使用数组在网页显示对应商品图像及其他组件

加入购物车

当用户单击"购物车"图标按钮时会调用 addtoCart()函数，我们来看这个函数执行了哪些操作。

```
function addtoCart(){
      var checkselect="";
      var buyItemName = sale_item[$(this).attr("id")];
      var buyItemNum = $(this).prev('.item_num').val();

      checkselect+="\n"+buyItemName+" * "+buyItemNum;

      if(!localStorage.Cartlist)
          localStorage.Cartlist=checkselect;
      else
          localStorage.Cartlist+=checkselect;

      $("#shopping_list").val("您的购物清单：
"+localStorage.Cartlist).height($("#shopping_list").prop("scrollHeight") +
'px');
  }
```

下面的语句是获取哪些商品已经被加入购物车的重点所在。购物车按钮的 id 是该商品对应的数组下标值，当单击按钮时，使用$(this).attr("id")就可以得知哪一项商品被放入购物车，使用$(this).prev('.item_num').val()获取前一个数量文本框（class 属性名为 item_num）的值就可以得知购买数量。

```
var buyItemName = sale_item[$(this).attr("id")];
var buyItemNum = $(this).prev('.item_num').val();
```

问题是如果只在 checkselect 字符串加上 checkbox 的值并显示在 textArea 组件上，就会变成如图 9-11 所示的一长串文字。

图 9-11　未加任何分隔符的显示结果

用户看不清楚到底选了哪些东西，我们也很难对这串字符串进行后续处理。解决方式很简单，只要加上逗号（，）或分号（;）之类的分隔符，就可以像范例中一样加上换行指令（\n）。

```
checkselect+="\n"+buyItemName+" * "+buyItemNum;
```

如此一来，就可以让商品名称换行显示了，如图 9-12 所示。

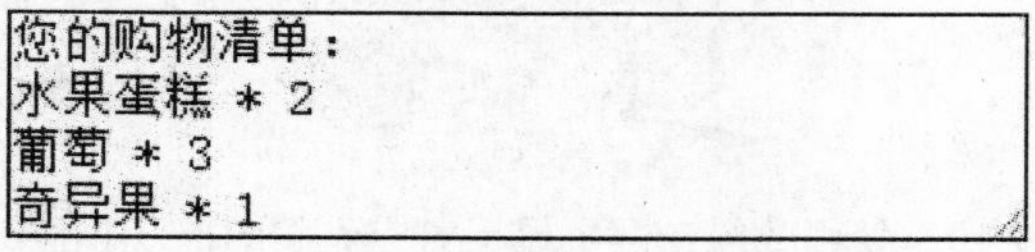

图 9-12　加了换行后的显示结果

清空购物车

用户单击"清空购物车"按钮时会调用 clearCart()函数，程序很简单，只要将购物清单区域的文字清空并将名为 Cartlist 的 localStorage 清空就可以了，程序如下：

```
function clearCart(){
    $("#shopping_list").val("您的购物清单：").height('35px');
    localStorage.removeItem("Cartlist");        /*清空 localStorage*/
}
```

注销

由于密码存储于 sessionStorage 中，因此注销时将 sessionStorage 清空再转回首页，程序代码如下：

```
function logout(){
    sessionStorage.clear();
    document.location='ch09_04.htm';
}
```

第 10 章

综合实践——
瀑布流照片展示网页

瀑布流的版面布局方式是近来相当流行的网页展现方式，照片从上而下排列就像瀑布一样，不同大小的照片以缩略图的方式交错排列，无论屏幕尺寸如何变化都能完整呈现，这样的页面给人活泼有趣的视觉效果，很适合用在照片展示或企业的商品陈列网页中。本章我们来看如何实现瀑布流网页。

10-1 实现成品预览

本章范例作品设置为"摄影纪录"，将运用前面学过的 HTML、CSS 和 jQuery 语句，结合 Bootstrap 插件并搭配 masonry 与 colorbox 插件完成这个网页作品，该网页包括下列 4 个重点：

（1）页标题、导航条和页尾区块制作。
（2）瀑布流照片缩略图的排列。
（3）单击照片缩略图放大显示照片。
（4）打造右侧折叠式菜单。

打开本书下载文件夹中的范例文件 ch10/ch10_01.htm，执行该文件会看到如图 10-1 所示的结果。

页标题、导航条

瀑布流照片缩略图的排列

页尾区块

图 10-1 范例 ch10_01.htm 的执行结果

单击照片缩略图会将照片放大显示，如图 10-2 所示。

单击照片缩略图会放大显示照片

图 10-2 单击照片的缩略图会放大显示照片

使用手机浏览网页时，菜单会变成右侧的折叠式菜单，呈现如图 10-3 所示的页面。单击折叠式菜单按钮会展开菜单，如图 10-4 所示。

图 10-3　使用手机浏览网页时，菜单会变成右侧的折叠式菜单

单击该按钮会展开折叠起来的导航菜单

图 10-4　单击折叠式菜单按钮，展开折叠起来的导航菜单

本范例所使用的图像文件在本书提供下载文件夹 ch10/images 中都可以找到，范例所使用的插件都放在对应文件夹中，不需要再次下载。

10-2　创建页标题和页尾

导航条是打造易于用户使用的网页不可缺少的功能，想要制作响应式导航条使用 Bootstrap 插件就能轻松实现，完全不需要什么技巧，只需要加入类属性就行了。下面我们来看怎么制作导航条。

10-2-1　前置准备工作

开始之前要先创建 HTML5 文件，设置 viewport meta 标签并导入 jQuery 的 js 文件和 Bootstrap 插件的 CSS 及 js 文件，程序代码如下：

```
<!DOCTYPE html>
<html>
<head>
<meta charset="utf-8">
<meta name="viewport" content="width=device-width, initial-scale=1">
<title>Bootstrap+masonry 制作图像展示网站</title>
<link rel="stylesheet" href="bootstrap/bootstrap.min.css">
<script src="../jquery-2.2.1.min.js"></script>
<script src="bootstrap/bootstrap.min.js"></script>
</head>
<body>
</body>
</html>
```

10-2-2　使用 Bootstrap 打造导航条

通常使用<nav> HTML 语义标签搭配<ul><li>标签制作导航条，基本语句如下：

```
<nav class="navbar navbar-fixed-top navbar-inverse">
<div class="navbar-header">
 <a class="navbar-brand" href="#">摄影纪录</a>
</div>
<ul class="nav navbar-nav">
        <li class="active"><a href="#">精选作品</a></li>
        <li><a href="#">人像摄影</a></li>
        <li><a href="#">风景摄影</a></li>
        <li><a href="#"> LOMO 摄影</a></li>
</ul>
</nav>
```

显示的效果如图 10-5 所示。

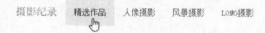

图 10-5　使用上述语句打造导航条的基本显示效果

下面将程序代码逐一分解来看。

<nav class="navbar">是最基本的导航条，如果希望底色改成黑色、文字改成白色，可以加入 navbar-inverse 属性，呈现如图 10-6 所示的导航条。

图 10-6　加入 navbar-inverse 属性后导航条的显示效果

navbar-fixed-top 属性是将导航条固定在网页顶端,这样一来就不会因为滚动窗口而改变导航条的位置。网页页尾区块只要加入 navbar-fixed-bottom 属性就能将区块固定在网页下方。

<div class="navbar-header">是声明导航条的标头,里面通常放置网站名称或品牌(brand)文字、LOGO 图标。

<ul>标签与<li>标签用于定义菜单选项,<ul>标签里的 nav 与 navbar-nav 类属性都是关键词,缺一不可,如果少了 nav,<ul>项目符号就不会隐藏,如图 10-7 所示。

・精选作品・人像摄影・风景摄影・LOMO摄影

图 10-7　如果少了 nav,项目符号就不会隐藏,而是显示出来

如果少了 navbar-nav 就无法产生横向排列的效果,变成如图 10-8 所示的样子。

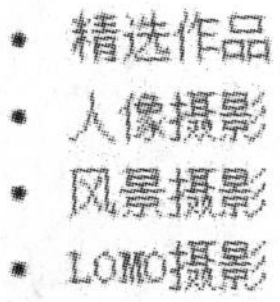

- 精选作品
- 人像摄影
- 风景摄影
- LOMO摄影

图 10-8　如果少了 navbar-nav 就无法产生横向排列的效果,而是纵向显示出来

在<li>标签里添加 class="active"表示当前所在的页面。此范例只有一个页面,范例中的导航菜单只用于示范,没有链接至实际网页。

提示

　　想要用<div>标签取代<nav>标签也可以,使用<div>标签时建议加上 role="navigation",语句如下:

```
<div class="navbar navbar-fixed-top navbar-inverse" role="navigation">
```

　　目的是为了让浏览器识别这是导航条而不是一般容器,遇到有"无障碍浏览网页需求"的用户,浏览器才能给予正确响应。

导航条上的菜单默认放在网页左边,如果要将菜单放在网页右边,只要在相对应的菜单中加上.navbar-right 即可,语句如下:

```
<ul class="nav navbar-nav navbar-right">
    <li><a href="#">注册</a></li>
    <li><a href="#">登录</a></li>
        </ul>
```

将右边的菜单选项加入后,会看到如图 10-9 所示的导航条。

摄影纪录　　精选作品　　人像摄影　　风景摄影　　LOMO摄影　　　　　　　　注册　　登录

图 10-9　加上导航条标签后的菜单显示效果

10-2-3 为菜单加上符号图标

只要加入几个类属性就可以完成导航条，只是做好的导航条稍显单调，我们可以为菜单选项加上符号图标，产生如图 10-10 所示的效果。

符号图标

图 10-10　给导航条的菜单选项加上符号图标

加入符号图标的方式很简单，只要在要显示图标的位置加入<span>，然后将图标类加入<span>中就可以了，语句如下：

```
<span class="glyphicon glyphicon-heart"></span>
```

class 里写的是符号的名称。

Bootstrap 默认将图标字体文件放在../fonts 文件夹中，如果复制本书提供的下载范例，会发现 Bootstrap 字体文件的位置已经改变了，存放在 bootstrap/fonts 文件夹中，因此找不到这个字体文件，我们必须另外通过 CSS 的@font-face 属性指定字体文件的位置。

@font-face 属性的作用是嵌入外部字体，格式如下：

```
@font-face{
  font-family: 字体名称;
  src: url(字体文件路径或网址);
}
```

要嵌入多个字体文件时只需在 scr 加入多组 url 路径，彼此用逗号隔开即可。要套用字体时，在 font-family 输入字体名称就可以了。

```
font-family: 字体名称;
```

Bootstrap 的 fonts 文件夹中共有 5 个文件，其实是同一组字体，里面提供了超过 250 个 Glyphicons Halflings 精美字体格式符号，为了让不同的设备都能支持，提供了 5 种格式，加入方式如下：

```
@font-face {
  font-family: 'Glyphicons Halflings';
  src:
    url('bootstrap/fonts/glyphicons-halflings-regular.eot'),
    url('bootstrap/fonts/glyphicons-halflings-regular.woff'),
    url('bootstrap/fonts/glyphicons-halflings-regular.woff2'),
    url('bootstrap/fonts/glyphicons-halflings-regular.ttf'),
    url('bootstrap/fonts/glyphicons-halflings-regular.svg');
}
```

链接到网址 http://getbootstrap.com/components/就能查看有哪些可供使用的符号，符号下面的文字就是 class 类中所要填入的名称，如图 10-11 所示。

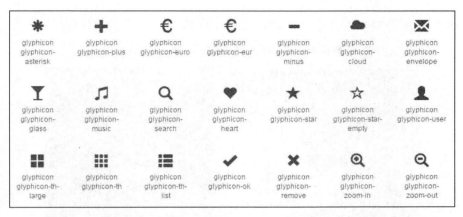

图 10-11　http://getbootstrap.com/components/网页列出的可供使用的符号

例如，想要套用实心的心形符号，只要在 class 中写上 glyphicon glyphicon-heart 即可，语句如下：

```
<span class="glyphicon glyphicon-heart"></span>
```

10-2-4　打造右侧折叠式菜单

当使用手机浏览网页时，一进入网页就会直接显示导航条，仅菜单就几乎占满了半个屏幕。因此，当视区尺寸较小时可以先隐藏暂时不需要的菜单，自动将菜单转换成右侧的折叠式菜单。不需要编写任何 CSS 媒体查询@media 指定什么视区尺寸应该切换成什么样的 CSS 语句。Bootstrap 都已经默认只需在 navbar-header 类属性加入下面几行语句就可以实现想要的效果。

```
<div class="navbar-header">
    <button type="button" class="navbar-toggle" data-toggle="collapse"
data-target="#photo-navbar">
        <span class="icon-bar"></span>
        <span class="icon-bar"></span>
        <span class="icon-bar"></span>
    </button>
    <a class="navbar-brand" href="#">摄影纪录</a>
</div>
```

<button>按钮组件和<span>组件用于产生折叠式菜单按钮，如图 10-12 所示。

————折叠式菜单按钮

图 10-12　<button>按钮组件和<span>组件产生折叠式菜单按钮

来看看程序代码中使用了哪些类属性。

- class="navbar-toggle"：设置样式为 navbar-toggle。
- data-toggle="collapse"：显示或隐藏折叠组件。
- data-target="# photo-navbar "：设置单击折叠菜单按钮后要显示菜单对应的 ID。

- <span class="icon-bar"></span>用来产生一条横杠（-），3个横杠会呈现 ≡ 形状的按钮。

当网页窗口缩小时能看到折叠菜单的效果，如图 10-13 所示。

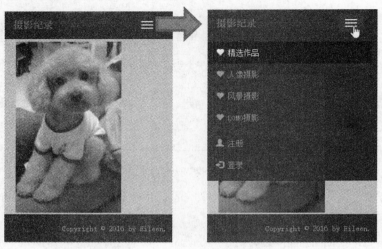

图 10-13　折叠菜单折叠和展开的效果

10-3　添加照片瀑布流展示的效果

想要产生瀑布流版面显示照片，可使用 Masonry 插件，几行程序代码就可以轻松实现，Masonry 是 JavaScript 的链接库，也支持 jQuery 语言。下面我们来看 Masonry 插件如何下载与使用。

10-3-1　Masonry 插件的下载

Masonry 插件的使用方式很简单，必须先将 masonry.pkgd.min.js 文件导入 HTML 文件，下载网址为 http://masonry.desandro.com/，该网页如图 10-14 所示。

图 10-14　从 Masonry 插件的网址下载该插件

进入 Masonry 首页后，右击 Download 按钮，选择"将目标另存为"就可以下载 masonry.pkgd.min.js 文件。

在 HTML 文件中 bootstrap.min.js 的下方加入 masonry.pkgd.min.js 文件，语句如下：

```
<script src="../jquery-2.2.1.min.js"></script>
```

```
<script src="bootstrap/bootstrap.min.js"></script>
<script src="masonry/masonry.pkgd.min.js"></script>
```

10-3-2　Masonry 插件的使用

Masonry 插件的使用方式很简单，直接指定要套用 Masonry 效果的外层<div>组件以及内层子<div>组件即可，如图 10-15 所示。

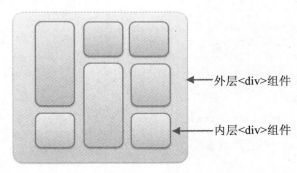

←——外层<div>组件

←——内层<div>组件

图 10-15　套用 Masonry 效果的外层<div>组件和内层子<div>组件

内层<div>组件除了照片还可以添加文字，格式如下：

```
<div class="img_broad">
<div class="item"> <img src="">…</div>
<div class="item">...</div>
<div class="item">...</div>
  ...
</div>
```

必须保持每个子<div>组件的宽度和间距统一才能够保证页面美观漂亮，我们可以通过 CSS 指定组件的宽度和间距，语句如下：

```
.item {
  width: 200px;
}

.item img {
  display: block;
  width: 100%;
  padding: 5px;
  margin: 2px 2px 2px 0;
}
```

最后，使用 jQuery 套用 Masonry 语句就可以了，完整的语句如下：

```
$('#img_broad').masonry({
        itemSelector: '.item',
      columnWidth:200
});
```

其中，itemSelector 参数是指定要套用的子组件，columnWidth 用于设置列的宽度，这两个参数并不是必需的，省略 itemSelector 参数表示套用所有子组件，我们已经用 CSS 设置了子 <div>组件的宽度和间距，columnWidth 参数也可以省略。可以看到，范例里只写了下面的语句套用 Masonry 组件。

```
$('#img_broad').masonry();
```

范例里总共使用了 13 张照片，我们不需要一张张输入照片，用循环逐一加载照片即可，程序代码如下：

```
var items = '';
for ( var i=0; i <= 12; i++ ) {
  items += '<div class="item">'+
  '<a class="group1" href="images/' + i + '.jpg"><img src="images/' + i +
'.jpg"></a></div>';
  }
$('#img_broad').append( items );
```

到此，Masonry 插件就套用完成了。

10-3-3 检测图像是否加载完成

当你执行网页时会发现执行了 Masonry，但是照片都重叠在一起了，这是因为我们并没有事先指定图像的高度，执行 Masonry 程序时图像尚未完全加载，因此获取不到图像的高度，产生错误放置的情况，如图 10-16 所示。

图 10-16　获取不到图像的高度而产生图像错误放置的情况

有两个方式可以解决重叠的问题，第一个方式是事先指定图像高度，第二种方式是等到图像完全加载再执行 Masonry 程序。

由于范例中的图像每一张高度都不相同，要逐一指定高度很麻烦，因此采用第二种方式更简单且不易出错。想要得知照片是否已加载，不需要自己从无到有编写程序，直接下载 imagesLoaded 插件使用即可，简单又快速。

imagesLoaded 插件下载网址为 http://imagesloaded.desandro.com/，网页显示效果如图 10-17 所示。

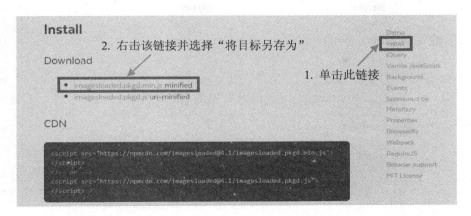

图 10-17　imagesLoaded 插件的下载网站

下载的 imagesloaded.pkgd.min.js 文件同样必须导入 HTML 文件中，imagesloaded 的 js 文件必须放在 jQuery 的 js 文件后。

```
<script src="../jquery-2.2.1.min.js"></script>
<script src="bootstrap/bootstrap.min.js"></script>
<script src="masonry/masonry.pkgd.min.js"></script>
<script src="imagesloaded/imagesloaded.pkgd.min.js"></script>
```

使用方式非常简单，imagesLoaded 中的 imagesLoaded()方法可以套用于内嵌的图像或直接套用在图像上，格式如下：

```
$('img').imagesLoaded( function() {
    //加载成功后执行这里的语句
});
$('#img_broad').imagesLoaded( function() {
    //加载成功后执行这里的语句
});
```

网页加载完成后会先检查图像是否加载完成，加载完成才执行 Masonry 程序，整段语句写法如下：

```
$('#img_broad').imagesLoaded(function (){
    $('#img_broad').masonry();
});
```

10-4　单击照片缩略图放大显示照片

单击缩略图后可以清楚地显示放大的图像并将图像周围变暗，产生类似灯箱片换页的功能，因而称为灯箱（Lightbox）效果。jQuery 提供了许多 Lightbox 插件，比如 JackBox、fancyBox、rlightbox、Fresco 以及 Colorbox 等都是知名的 Lightbox 插件。其中，Colorbox 是一款轻量插件，文件只有 12KB，使用也非常简单，这里使用 Colorbox 插件产生缩略图放大显示图像的效果。

10-4-1 下载 Colorbox 插件

Colorbox 插件同样必须先下载 js 文件并将 css 文件导入 HTML 文件中，下载网址为 http://www.jacklmoore.com/colorbox/，下载的网页如图 10-18 所示。

图 10-18　Colorbox 插件的下载网站

下载后需导入 HTML 文件，Colorbox 同样必须依赖 jQuery 语句，所以 jquery.colorbox-min.js 文件必须放在 jQuery 的 js 文件后。至于 Bootstrap、Masonry、ImagesLoaded 及 Colorbox 四个插件，都是使用各自的方法，彼此之间并没有调用的问题，所以顺序先后就无所谓了。

```
<link rel="stylesheet" href="bootstrap/bootstrap.min.css">
<link rel="stylesheet" href="colorbox/colorbox.css" />

<script src="../jquery-2.2.1.min.js"></script>
<script src="bootstrap/bootstrap.min.js"></script>
<script src="masonry/masonry.pkgd.min.js"></script>
<script src="imagesloaded/imagesloaded.pkgd.min.js"></script>
<script src="colorbox/jquery.colorbox-min.js"></script>
```

10-4-2 Colorbox 插件的使用

Colorbox()方法必须套用超链接<a>组件，格式如下：

```
$(selector).colorbox({options});
```

options 为 key/value 的组合。Colorbox 提供了许多设置可供使用，读者可以根据需求选用。表 10-1 为常用的 19 项设置。

表 10-1　Colorbox 常用的 9 项设置

属性	说明
transition	过场效果，可以输入"elastic""fade"或"none"，默认为"elastic"
rel	设置图像分组，设置为'nofollow'表示关闭 Colorbox 的分组功能
speed	过场效果持续时间（毫秒），默认为 350 毫秒

（续表）

属性	说明
title	设置标题，默认值为 false
width	设置宽度（包括边框），可设置%、px 或直接输入数值，例如"100%""500px"或 500，默认不限制宽度
height	设置高度（包括边框），可设置%、px 或直接输入数值，例如"100%""500px"或 500
opacity	黑色屏蔽不透明度，值为 0~1，默认为 0.85
preloading	是否要预先载入图像，默认为 true
overlayClose	单击屏蔽可以把 Colorbox 关闭，默认为 true；设置为 false 必须单击"关闭"按钮才能将 Colorbox 关闭

下面来看范例所套用的 Colorbox 设置，HTML 与 JS 程序代码如下：

```
HTML:
<a class="group1" href="images/1.jpg"><img src="images/1.jpg"></a>
JS:
    $(".group1").colorbox({
      rel: 'group',
      height:'500px'
    });
```

Colorbox 高度设置为 500px，执行后单击缩略图就会放大照片，高度固定在 500px。由于设置了 rel 属性，这 13 张图像被视为分组，Colorbox 下方会出现向左（前一张）、向右（下一张）按钮并显示当前张数和总张数等信息（见图 10-19），单击向左或向右按钮可以按序浏览这 13 张照片。

分组按钮 —————————————————————————— 关闭按钮

图 10-19　Colorbox 插件实现的结果图

> **提示**
>
> 如果<a>标签本身设置了 rel 属性，就会被 colorbox 的 rel 属性所取代。

整个网页的实现就完成了。下面列出完整的程序代码供读者参考。

```
<!DOCTYPE html>
<html>
<head>
<meta charset="utf-8">
```

```
<!--viewport meta 标签-->
<meta name="viewport" content="width=device-width, initial-scale=1">
<title>Bootstrap+masonry 制作图像展示网站</title>
<link rel="stylesheet" href="bootstrap/bootstrap.min.css">
<link rel="stylesheet" href="colorbox/colorbox.css" />
<script src="../jquery-2.2.1.min.js"></script>
<script src="bootstrap/bootstrap.min.js"></script>
<script src="imagesloaded/imagesloaded.pkgd.min.js"></script>
<script src="masonry/masonry.pkgd.min.js"></script>
<script src="colorbox/jquery.colorbox-min.js"></script>
<style>
body {
    font-family: sans-serif;
    background-color: #c0c0c0;
    padding-top: 70px;
    padding-bottom: 70px;
}
.navbar{padding-right:10px;}
/*bootstrap 字体图标↓*/
@font-face {
  font-family: 'Glyphicons Halflings';
  src:
      url('bootstrap/fonts/glyphicons-halflings-regular.eot'),
      url('bootstrap/fonts/glyphicons-halflings-regular.woff'),
      url('bootstrap/fonts/glyphicons-halflings-regular.woff2'),
      url('bootstrap/fonts/glyphicons-halflings-regular.ttf'),
      url('bootstrap/fonts/glyphicons-halflings-regular.svg');
}

.glyphicon {
  position: relative;
  top: 1px;
  display: inline-block;
  font-family: 'Glyphicons Halflings';
  -webkit-font-smoothing: antialiased;
  font-style: normal;
  font-weight: normal;
  line-height: 1;
  -moz-osx-font-smoothing: grayscale;
}
/*bootstrap 字体图标↑*/

.item {
  width: 200px;
}

.item img {
  display: block;
  width: 100%;
  padding: 5px;
```

```
      margin: 2px 2px 2px 0;
   }

   button { font-size: 18px; }
   .container{max-width:1050px}

   </style>
   <script>
   $( function() {
     var items = '';
     for ( var i=0; i < 12; i++ ) {
       items += '<div class="item">'+
       '<a class="group1" href="images/' + i + '.jpg"><img src="images/' + i +
'.jpg"></a></div>';
     }
     $('#img_broad').append( items );


     $('img').imagesLoaded(function (){
         $('#img_broad').masonry();
     });

     $(".group1").colorbox({
         rel:'group1',
         height:'500px'
     });


   });
   </script>
   </head>
   <body>
   <nav class="navbar navbar-fixed-top navbar-inverse">
         <div class="navbar-header">
             <button type="button" class="navbar-toggle"
data-toggle="collapse" data-target="#photo-navbar">
                 <span class="icon-bar"></span>
                 <span class="icon-bar"></span>
                 <span class="icon-bar"></span>
              </button>
             <a class="navbar-brand" href="#">摄影纪录</a>
         </div>
         <div class="collapse navbar-collapse" id="photo-navbar">
             <ul class="nav navbar-nav">
                 <li class="active"><a href="#"><span class="glyphicon
glyphicon-heart"></span> 精选作品</a></li>
                 <li><a href="#"><span class="glyphicon
glyphicon-heart"></span> 人像摄影</a></li>
                 <li><a href="#"><span class="glyphicon
glyphicon-heart"></span> 风景摄影</a></li>
                 <li><a href="#"><span class="glyphicon
```

```
glyphicon-heart"></span> LOMO 摄影</a></li>
              </ul>
              <ul class="nav navbar-nav navbar-right">
                <li><a href="#"><span class="glyphicon glyphicon-user"></span>
注册</a></li>
                <li><a href="#"><span class="glyphicon
glyphicon-log-in"></span> 登录</a></li>
              </ul>
          </div>
    </nav>
    <div class="container">
    <div id="img_broad"><!--图像位置--></div>
    </div>

      <nav class="navbar navbar-inverse navbar-fixed-bottom">
      <div class="navbar-text pull-right">Copyright &copy; 2016 by Eileen.</div>
      </nav>

    </body>
    </html>
```

第 三 篇

使用 jQuery Mobile
快速打造移动设备网页

第 11 章

认识 jQuery Mobile

随着智能手机和平板电脑等移动设备的普及，许多用户通过移动设备上网，因此有些网站除了计算机版网页外还会另外制作移动设备版网页，用户使用移动设备浏览时自动切换到对应网页。碍于屏幕尺寸的限制，制作移动设备版网页时会尽量精简内容，接口也更符合移动设备的要求。

jQuery Mobile 与 jQuery 一样都是 JavaScript 函数库，而 jQuery Mobile 非常适合用来开发移动设备版网页，语句与 jQuery 大同小异，接下来来看如何使用 jQuery Mobile 打造移动设备版网页。

11-1 认识 jQuery Mobile

jQuery Mobile 是一套建立在 jQuery 与 jQuery UI 基础上、提供移动设备跨平台用户界面的函数库。使用 jQuery Mobile 制作出来的网页能够被大多数移动设备的浏览器支持，并且在浏览网页时有操作 App 一样的触碰和滑动效果，我们先来看一下 jQuery Mobile 的优点、工作流程以及所需的移动设备仿真器。

11-1-1 jQuery Mobile 的优点

jQuery Mobile 具有下列 4 个特色。

- 跨平台：目前大部分移动设备浏览器都支持 HTML5 标准，jQuery Mobile 也是以 HTML5 为基础的，可以跨不同的移动设备，比如 Apple iOS、Android、BlackBerry、Windows Phone、Symbian 和 MeeGo 等。
- 容易学习：jQuery Mobile 与 jQuery 一样都通过 HTML5 标签与 CSS 规范配置与美化页面，用法与 jQuery 大同小异，对已经熟悉 HTML5、CSS3 以及 jQuery 的读者来说，完全是"无痛"学习。
- 提供多种函数库：例如屏幕滑动与触碰功能等，不需要辛苦编写程序代码，只要稍加设置就可以产生想要的功能，大大简化了编写程序所耗费的时间。
- 多样的主题和 ThemeRoller 工具：jQuery UI 的 ThemeRoller 在线工具只要通过下拉菜单的设置就能自制出相当有特色的网页风格，并且可将语句下载下来套用。另外，jQuery Mobile 提供了主题，轻轻松松就可以快速建立高质感的网页。

> **提示**
>
> 市面上移动设备众多，要查询 jQuery Mobile 最新的移动设备支持信息可以参考 jQuerymobile 网站上的"各厂商支持表"（网址：jQuerymobile.com/gbs），也可以参考英文维基百科（wiki）网站对 jQuery mobile 的说明中所提供的 Mobile browser support 一览表（网址：http://en.wikipedia.org/wiki/JQuery_Mobile）。

11-1-2 jQuery Mobile 的工作流程

jQuery Mobile 的工作流程与 jQuery 相同，大致有下面 4 个步骤：

步骤 01 新建 HTML 文件。

步骤 02　声明 HTML5 Document。

步骤 03　载入 jQuery Mobile CSS、jQuery 与 jQuery Mobile 链接库。

步骤 04　使用 jQuery Mobile 所定义的 HTML 标准，编写网页结构及内容。

开发工具和 HTML5 一样，只要用记事本这类文本编辑器将编辑好的文件保存成.htm 或.html，就可以在浏览器或仿真器浏览。

11-1-3　移动设备仿真器

由于制作完成的网页要在移动设备上浏览，因此我们需要能产生移动设备屏幕大小的仿真器让我们预览执行结果。下面推荐一款仿真器供读者参考——Opera Mobile Emulator（Opera 移动设备仿真器），网址为 http://www.opera.com/developer/tools/mobile/，如图 11-1 所示。

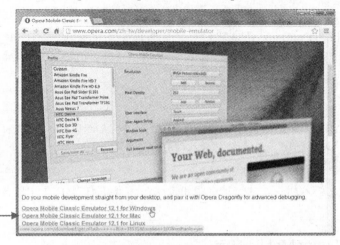

单击此链接下载

图 11-1　下载 Opera Mobile Emulator 的网站

下载并安装完成后会出现如图 11-2 所示的对话窗口，让我们选择移动设备的界面。

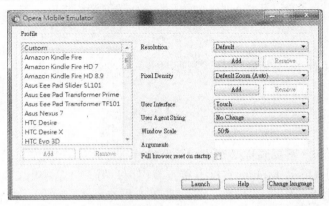

图 11-2　Opera Mobile Emulator 启动后的对话窗口，在此选择要仿真的移动设备，仿真其界面

例如，我们在 Profile 中选择 HTC Desire，单击 Launch 按钮会出现手机的仿真窗口，如图 11-3 所示。

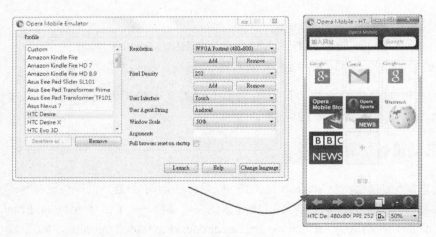

图 11-3　选择仿真 HTC Desire

尽管 Opera Mobile Emulator 仿真器没有呈现真实手机的外观，不过窗口尺寸与手机屏幕是一样的。这款仿真器的好处是用户可以任意调整窗口大小，以便查看不同屏幕尺寸的浏览效果。这款仿真器确实十分方便。

> **提示**
>
> 　　编写好的 HTML 文件想要在仿真器测试，可以在网址栏输入文件路径，例如 index.htm 文件的存放路径是 D:/HTML，只要如下输入即可：
>
> ```
> file://D:\HTML5\index.htm
> ```
>
> 　　不过，为了避免输入错误，建议读者采用最快的方式将 HTML 文件拖曳到仿真器内，之后会直接显示网页。

11-1-4　第一个 jQuery Mobile 网页

首先，新建一个 HTML 文件，准备开始制作第一个 jQuery Mobile 网页。

```
<!DOCTYPE html>
<html>
<head>
<title>jQuery Mobile 创建的第一个网页</title>
</head>
<body>
</body>
</html>
```

开发 jQuery Mobile 网页同样必须先下载函数库（.js）和 CSS 样式表单（.css）。引用方式有两种，一种是到 jQuery Mobile 官网直接下载引用，另一种是使用 CDN（Content Delivery Network）来加载链接库。

之前我们已经学过直接下载引用的方法，这里改用 CDN 方式引用，网址如下：

http://jquerymobile.com/download/

进入网站后找到 Latest Stable Version 文字，官网上已经直接提供了引用语句，只要复制并贴到 HTML 文件的<head>标签区块内就可以了，如图 11-4 所示。

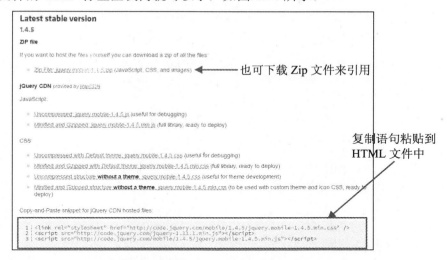

图 11-4　从 jQuery Mobile 官网复制引用语句到 HTML 文件中

复制语句到<head>标签区块内，位置如下：

```
<head>
<title>jQuery Mobile 创建的第一个网页</title>
<!--引用 jQuery Mobile 函数库-->
<link rel="stylesheet"
href="http://code.jquery.com/mobile/1.4.5/jquery.mobile-1.4.5.min.css" >
<script src="http://code.jquery.com/jquery-1.11.1.min.js"></script>
<script src="http://code.jquery.com/mobile/1.4.5/
jquery.mobile-1.4.5.min.js"></script>
</head>
```

上述语句共引用了 3 个文件，分别是：

- jquery Mobile 的 js 文件（jquery.mobile-1.4.5.min.js）
- css 文件（jquery.mobile-1.4.5.min.css）
- jQuery 的 js 文件（jquery-1.11.1.min.js）

通过 CDN 方式引用有一个优点，由于 CDN 文件路径是固定的，一旦访问过一次就会被浏览器加入高速缓存（快取），当用户连到网页时可能在其他网站已经访问过同样的文件，浏览器不会再重复下载，因而速度会加快许多。

如果想要直接下载 jquery.mobile-1.4.5.zip 文件引用，那么将 zip 文件解压缩后只需要引用 jquery.mobile-1.4.5.min.css 和 jquery.mobile-1.4.5.min.js 文件即可，jQuery 文件引用之前学习 jQuery 时下载的 jQuery js 文件即可。

> **提示**
>
> jQuery Mobile 函数库仍在持续开发中，因此你看到的版本号可能会与本书有所不同，请使用官网发布的最新版本，只要照着上述方式将语句复制下来引用即可。

接下来，我们可以开始在<body></body>标签区域内添加程序代码。

jQuery Mobile 的网页由 header、content 与 footer 三个区域组成，使用<div>标签加上 HTML5 自定义属性（HTML5 Custom Data Attributes）"data-*"定义移动设备网页组件的样式，最基本的属性 data-role 可以用来定义移动设备的页面结构，语句如下：

```
<div data-role="page">          <!--开始一个 page -->
    <div data-role="header">
    标题（header）
    </div>
    <div data-role="content">
    网页内容（content）
    </div>
    <div data-role="footer">
    页尾（footer）
    </div>
</div>
```

仿真器预览结果如图 11-5 所示。

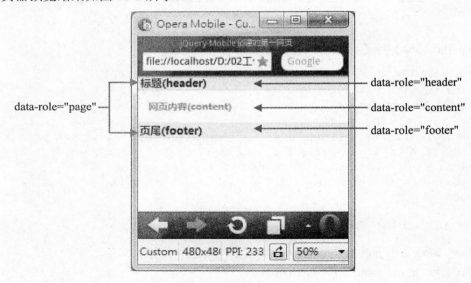

图 11-5　仿真器预览结果

jQuery Mobile 网页以页（page）为单位，一个 HTML 文件可以放一个页面，也可以放多个页面（multi-page），不过浏览器每次只会显示一页，我们必须为页面加上超链接，便于用户切换。

下面的范例实现了两个页面，接下来解说程序代码。

范例：ch11_01.htm

```
<!DOCTYPE html>
<html>
<head>
<title>jQuery Mobile 创建的第一个网页</title>
```

```
<meta charset="utf-8">
<!--引用 jQuery Mobile 函数库-->
<link rel="stylesheet"
href="http://code.jquery.com/mobile/1.4.5/jquery.mobile-1.4.5.min.css" >
<script src="http://code.jquery.com/jquery-1.11.1.min.js"></script>
<script src="http://code.jquery.com/mobile/1.4.5/
jquery.mobile-1.4.5.min.js"></script>
<!--优化显示比例-->
<meta name="viewport" content="width=device-width, initial-scale=1">
<style type="text/css">
#content{text-align:center;}
</style>
</head>
<body>
    <!--第一页-->
    <div data-role="page" data-title="第一页" id="first">
        <div data-role="header">
            <h1>第一页</h1>
        </div>
        <div data-role="content" id="content">
            <a href="#second">第二页</a>
        </div>
        <div data-role="footer">
            <h4>页尾</h4>
        </div>
        </div>
    <!--第二页-->
    <div data-role="page" data-title="第二页" id="second">
        <div data-role="header">
            <h1>第二页</h1>
        </div>
        <div data-role="content" id="content">
            <a href="#first">回到第一页</a>
        </div>
        <div data-role="footer">
            <h4>页尾</h4>
        </div>
    </div>
</body>
</html>
```

执行结果如图 11-6 所示。

可以看到范例新增了两个页面，每一个 data-role="page"页面都加入了 id 属性，使用<a>超链接标签的 href 属性指定#id 即可链接到对应的 page。例如，范例中第二页的 id 为 second，只要在第一页<a>标签指定 id 即可，语句如下：

```
<a href="#second">按我到第二页</a>
```

如此一来，就可以顺利在两个页面间切换了。

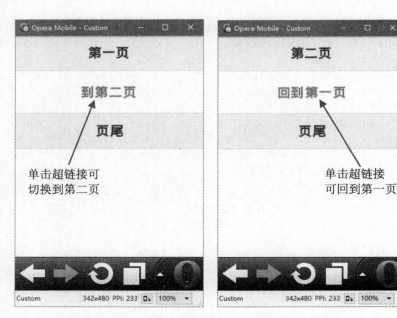

图 11-6　范例 ch11_01.htm 的执行结果

范例第 10 行的语句用来优化屏幕的显示比例，如下行：

```
<meta name="viewport" content="width=device-width, initial-scale=1">
```

如果省略了此行，就会发现页面上的文字非常小，如图 11-7 所示。这是因为移动设备的分辨率较小，但是多数浏览器默认会以一般网页的宽度显示，这样一来网页内的文字会变得很小而不易浏览。

图 11-7　没有优化屏幕显示比例时文字会变得很小

为了解决这个问题，我们可以使用 meta 标签 viewport，目的是告诉浏览器这个移动设备的宽度和高度，这样页面中的字体比例看起来就会比较适当。用户可以通过滚动（Scroll）和缩放（Zoom）屏幕查看浏览整个页面，目前大部分浏览器都支持这个协议。Viewport meta 语句的格式如下：

```
<meta name="viewport" content="width=device-width, initial-scale=1">
```

只要在<head></head>标签之间加上这行语句就会调整适当宽度，详细参数的用法请参考参考 8-1-2 小节对 viewport 属性的说明。

学会了 jQuery Mobile 的用法后，接着我们学习 jQuery Mobile 提供的各种可视化组件，搭配 HTML 5 标签能够轻轻松松做出既专业又漂亮的移动设备网页。

11-2　套用 UI 组件

jQuery Mobile 提供了许多可视化 UI 组件，只要套用之后就能产生美观、有质感并且适合移动设备使用的组件。

11-2-1　认识 UI 组件

jQuery Mobile 可视化组件的语句大多数与 HTML5 标签大同小异，这里就不再多做介绍，仅列出常用的组件，按钮（Button）与列表视图（List View）功能变化较大，在下一小节再详加介绍。

文本框（Text Input）

```
<input type="text" name="uname" id="uid" value="" >
```

上述范例语句的执行结果如图 11-8 所示。

hi~

图 11-8　文本框组件的范例

范围滑块（Range Slider）

```
<input type="range" name="rangebar" id="rangebarid" value="25" min="0"
max="100" data-highlight="true" >
```

上述范例语句的执行结果如图 11-9 所示。

图 11-9　范围滑块组件的范例

单选按钮（Radio Button）

```
<fieldset data-role="controlgroup">
    <legend>最喜欢的水果:</legend>
```

```
            <input type="radio" name="radio-choice" id="radio-choice-1"
value="choice-1" checked="checked" >
            <label for="radio-choice-1">苹果</label>
            <input type="radio" name="radio-choice" id="radio-choice-2"
value="choice-2" >
            <label for="radio-choice-2">香蕉</label>
            <input type="radio" name="radio-choice" id="radio-choice-3"
value="choice-3" >
            <label for="radio-choice-3">柠檬</label>
    </fieldset>
```

上述范例语句的执行结果如图 11-10 所示。

最喜欢的水果:

◉ 苹果

◯ 香蕉

◯ 柠檬

图 11-10　单选按钮组件的范例

提示

<fieldset>标签用来创建分组，分组内各个组件仍保有自己的功能，样式可以统一，在 <fieldset>标签里加上 data-role="controlgroup"属性后，jQuery Mobile 就会让它们看起来像是一个组合，很有整体感。

复选框（Check Box）

```
/*第一种写法*/
<label><input type="checkbox" name="checkbox-0" checked > 我同意 </label>
/*第二种写法*/
<input type="checkbox" name="checkbox-1" id="checkbox-1" >
<label for="checkbox-1">我同意</label>
```

上述范例语句的执行结果如图 11-11 所示。

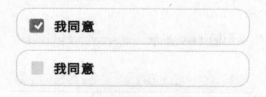

☑ 我同意

▢ 我同意

图 11-11　复选框组件的范例

选择菜单（Select Menu）

```
<label for="select-choice-0" class="select">每天上网小时数:</label>
        <select name="select-choice-0" id="select-choice-1" data-mini="true" >
            <option value="standard">少于 1 小时</option>
```

```
    <option value="standard">1 小时</option>
    <option value="rush">2 小时</option>
    <option value="express">3 小时</option>
    <option value="overnight">3 小时以上</option>
</select>
```

上述范例语句的执行结果如图 11-12 所示。

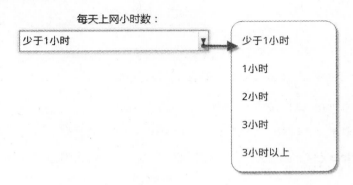

图 11-12　选择菜单组件的范例

11-2-2　按钮

按钮（Button）是 jQuery Mobile 的核心组件，可以用来制作链接按钮（Link Button）和窗体按钮（Form Button）。

链接按钮

在前面的范例中曾经使用<a>标签产生文字超链接让页面可以进行切换，如果要让超链接可以用按钮显示，就要使用 data-role="button"属性，语句如下：

```
<a href="#second" data-role="button">第二页</a>
```

加入这行语句后会显示如图 11-13 所示的按钮。

图 11-13　链接按钮的范例

data-mini="true"属性可以让按钮和字体小一号显示。

窗体按钮

顾名思义，窗体按钮就是窗体所使用的按钮，可分为常规按钮、提交按钮和重置按钮，不需要使用 data-role="button"属性，只要使用 button 标签加上 type 属性即可，语句格式如下：

```
<input type="button" value="Button" >
<input type="submit" value="Submit Button" >
<input type="reset" value="Reset Button" >
```

按钮外观如图 11-14 所示。

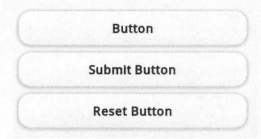

图 11-14　3 种窗体按钮的外观

按钮也可以用 data-icon 属性加入小图标，语句格式如下：

```
<a href="#" data-role="button" data-icon="delete">删除</a>
```

data-icon 使用 delete 参数时，默认会在按钮前方多加一个删除图标，如图 11-15 所示。

图 11-15　带图标的按钮

有多种图标样式可供选择，表 11-1 列出了图标参数和外观样式。

表 11-1　图标参数和外观样式

Icon 参数	外观样式	说明
data-icon="delete"	删除	删除
data-icon="arrow-l"	向左箭头	向左箭头
data-icon="arrow-r"	向右箭头	向右箭头
data-icon="arrow-u"	向上箭头	向上箭头
data-icon="arrow-d"	向下箭头	向下箭头
data-icon="plus"	加号	加号

（续表）

Icon 参数	外观样式	说明
data-icon="minus"	减号	减号
data-icon="check"	勾选	勾选
data-icon="gear"	齿轮	齿轮
data-icon="refresh"	刷新	刷新
data-icon="forward"	前进	前进
data-icon="back"	后退	后退
data-icon="grid"	网格	网格
data-icon="star"	星号	星号
data-icon="alert"	警示	警示
data-icon="info"	信息	信息
data-icon="home"	首页	首页
data-icon="search"	搜索	搜索

　　小图标默认会显示在按钮的左边，如果想变换图标的位置，只要用 data-iconpos 属性指定上（top）、下（bottom）、右（right）位置即可，语句如下：

```
<a href="#" data-role="button" data-icon="delete" data-iconpos="top">删除
</a>
```

```
    <a href="#" data-role="button" data-icon="delete" data-iconpos="bottom">删
除</a>
    <a href="#" data-role="button" data-icon="delete" data-iconpos="right">删除
</a>
```

这 3 行语句的执行结果如图 11-16 所示。

图 11-16　上述 3 行语句使用 data-iconpos 属性的执行结果

如果不想出现文字，只要将 data-iconpos 属性指定为 notext 就只会显示按钮，而没有文字。

你会发现制作完成的按钮以屏幕宽度为自身的宽度，如果想在同一行安排多个按钮，可以加上 data-inline="true"属性。

```
    <a href="#" data-role="button" data-icon="delete" data-iconpos="top"
data-inline="true">删除</a>
    <a href="#" data-role="button" data-icon="delete" data-iconpos="bottom"
data-inline="true">删除</a>
    <a href="#" data-role="button" data-icon="delete" data-iconpos="right"
data-inline="true">删除</a>
```

这 3 语句的执行结果如图 11-17 所示。

图 11-17　上述 3 行语句使用 data-inline 属性的执行结果

下面我们通过范例复习一下使用按钮的语句。

范例：ch11_02.htm

```
<!DOCTYPE html>
<html>
<head>
<title>ch11_02</title>
```

```
<meta charset="utf-8">
<meta name="viewport" content="width=device-width, initial-scale=1">
<link rel="stylesheet" href="http://code.jquery.com/mobile/1.4.5/
jquery.mobile-1.4.5.min.css" />
<script src="http://code.jquery.com/jquery-1.11.1.min.js"></script>
<script src="http://code.jquery.com/mobile/1.4.5/
jquery.mobile-1.4.5.min.js"></script>
<style type="text/css">
#content{text-align:center;}
</style>
</head>
<body>
    <div data-role="page" data-title="第一页" id="first">
        <div data-role="header">
            <h1>按钮练习</h1>
        </div>
        <div data-role="content" id="content">
        没有图标的按钮
            <a href="index.htm" data-role="button">按钮</a>
        有图标的按钮
            <a href="index.htm" data-role="button" data-icon="search">搜索
</a>
        改变图标位置
            <a href="index.htm" data-role="button" data-icon="search"
data-iconpos="top">搜索</a>
        同一行显示
            <a href="index.htm" data-role="button" data-icon="search"
data-inline="true">搜索</a>
        </div>
        </div>
</body>
</html>
```

执行结果如图 11-18 所示。

图 11-18　范例 ch11_02.htm 的执行结果

11-2-3　分组的按钮

有时候我们想把按钮排在一起，例如导航条一整排的按钮可以先用
data-role="controlgroup"属性定义为分组，再将按钮放在这个<div>中，语句如下：

```
<div data-role="controlgroup">
       <a href="index.html" data-role="button">新闻</a>
       <a href="index.html" data-role="button">运动</a>
       <a href="index.html" data-role="button">电影</a>
</div>
```

执行结果如图 11-19 所示。

| 新闻 |
| 运动 |
| 电影 |

图 11-19　用 data-role="controlgroup"属性定义按钮分组的执行结果

显示的按钮默认为垂直排列，使用 data-type="horizontal"属性指定为水平即可，语句如下：

```
<div data-role="controlgroup" data-type="horizontal">
```

水平显示时效果如图 11-20 所示。

图 11-20　用 data-type="horizontal"属性指定为水平排列按钮的执行结果

11-2-4　列表视图

列表视图（List View）是移动设备最常见的组件，因为手机的屏幕小，所以数据适合以列
表视图的方式显示，例如商品列表、购物车、新闻等都很适合利用列表视图组件产生，外观如
图 11-21 所示。

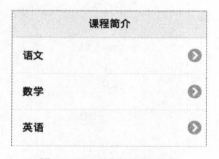

图 11-21　列表视图的外观

在 jQuery Mobile 中实现这样的用户界面（UI）非常简单，使用有序列表（Ordered List）
<ol>标签加上<li>标签或无序列表（Unordered List）<ul>标签加上<li>标签，并在<ul>标签或
<ol>标签加上 data-role="listview"属性即可。下面以<ol>标签为例进行介绍，语句如下：

```
<div data-role="header">
    <h1>课程简介</h1>
</div>
<ol data-role="listview" >
  <li><a href="chinese.htm">语文</a></li>
  <li><a href="math.htm">数学</a></li>
  <li><a href="english.htm">英语</a></li>
</ol>
```

执行结果如图 11-22 所示。

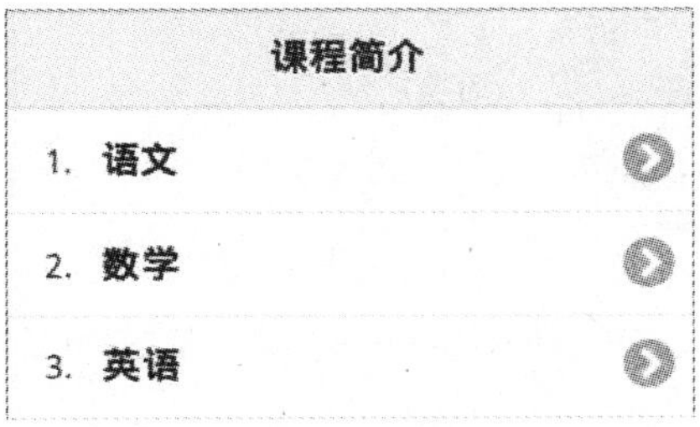

图 11-22　有序列表（<ol>标签加上<li>标签）配合 data-role="listview"属性的执行结果

我们还可以将 data-inset 属性设为 true，让 listview 不要与屏幕同宽并加上圆角，语句如下：

```
<div data-role="header">
    <h1>课程简介</h1>
</div>
<ol data-role="listview" data-inset="true">
  <li><a href="chinese.htm">语文</a></li>
  <li><a href="math.htm">数学</a></li>
  <li><a href="english.htm">英语</a></li>
</ol>
```

执行结果如图 11-23 所示。

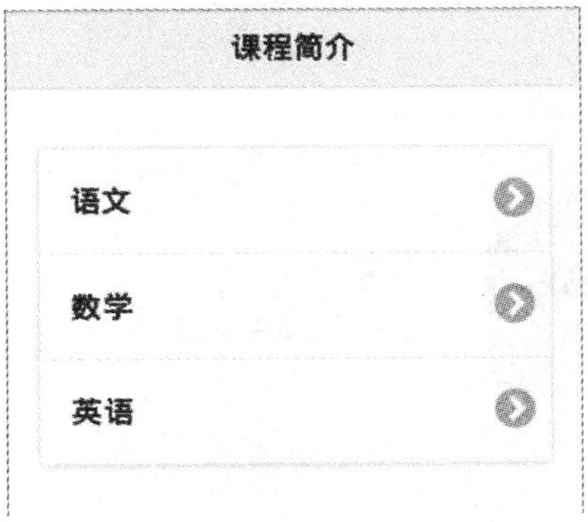

图 11-23　用 data-inset="true"属性设置列表视图后的执行结果

加入图像和说明

刚才提过，列表视图常用于商品列表或购物车，不过没有图像和说明怎么才能制作商品列表呢？很简单，只要加上图像和说明就可以了。请看下面的程序语句：

```
<li>
    <a href="chinese.htm">
    <img src="images/chinese.jpg">
    <h3>语文</h3>
    <p>时间：星期一 人数：15 人</p>
    </a>
</li>
```

执行结果如图 11-24 所示。

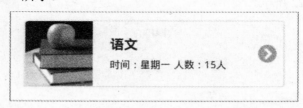

图 11-24　加入图像和说明语句后的执行结果

这跟我们之前学过的 HTML 文件加入图像和文字一样简单。

分割按钮列表

如果想将列表与按钮分开（也就是单击列表时链接到某个页面或某个网页，按钮又可以链接到另一个网页），就可以使用分割按钮列表。程序很简单，只要在<li>标签内加入两组<a>标签，jQuery Mobile 会自动按照 data-icon 属性设置的样式将用户界面处理好，语句如下：

```
<li>
<a href="chinese.htm">
    <img src="images/chinese.jpg" >
    <h3>语文</h3>
    <p>时间：星期一 人数：15 人</p>
</a>
<a href="#taking" data-icon="gear"></a>
</li>
```

执行结果如图 11-25 所示。

图 11-25　加入分割按钮列表设置的执行结果

计数泡泡

计数泡泡（Count bubble）是在列表中显示数字时使用，只要在<li>标签中加入如下标签即可。

```
<span class="ui-li-count">数字</span>
```

例如：

```
<li>
    <a href="chinese.htm">
      <img src="images/chinese.jpg" >
      <h3>语文</h3>
      <p>时间：星期一 人数：15 人</p>
      <span class="ui-li-count">12</span>
    </a>
    <a href="#taking" data-icon="gear"></a>
</li>
```

执行结果如图 1-26 所示。

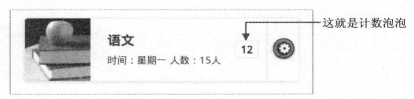

图 11-26　加入计数泡泡组件后的执行结果

11-3　网页导向与主题

学会了基本的 jQuery Mobile 网页后，接着来学习网页导向与网页美化的好用工具——ThemeRoller 主题。

11-3-1　jQuery Mobile 网页导向

之前我们学过 jQuery Mobile 可以在同一网页切换多重页面，现在我们进一步说明各种网页链接与导向的方法。

jQuery Mobile 网页一开始会先将初始网页通过 HTTP 加载，显示该页面的第一个页面组件后，为了增加网页转场效果（Page Transition），之后的页面会通过 Ajax 载入并加到 DOM 中，网页内的元素也会预先加载到浏览器，所以页面之间的切换比较流畅；当 Ajax 加载失败时，会显示错误信息小窗口，如图 1-27 所示。

Error Loading Page

图 11-27　当 Ajax 加载失败时，会显示错误信息小窗口

如果链接的页面是单一网页的多重页面或非同一网域的网页就会发生错误，这时我们可以停用 Ajax 而改用传统的 HTTP 加载网页。

在链接元素中加入下面的任意一个属性都可以停用 Ajax：

```
rel= "external"
```

或者

```
data-ajax= "false"
```

例如：

```
<a href="page2.htm" data-icon="gear" rel="external">
```

下面我们来看一些常用的链接。

回上一页

jQuery Mobile 提供了 data-rel="back"属性，只要直接套用就可以达到返回上一页的效果。其语句如下：

```
<a data-rel="back">回上一页</a>
```

范例：ch11_03.htm

```
<body>
    <!--第一页-->
    <div data-role="page" data-title="第一页" id="first">
        <div data-role="header">
            <h1>第一页</h1>
        </div>
        <div data-role="content" id="content">
            <a href="#second">到第二页</a>
        </div>
        <div data-role="footer">
            <h4>页尾</h4>
        </div>
        </div>
    <!--第二页-->
    <div data-role="page" data-title="第二页" id="second">
        <div data-role="header">
            <a data-rel="back">回上一页</a>
            <h1>第二页</h1>
        </div>
        <div data-role="content" id="content">
            <a href="#first">回到第一页</a>
        </div>
        <div data-role="footer">
            <h4>页尾</h4>
        </div>
    </div>
</body>
```

执行结果如图 11-28 所示。

弹出新窗口显示链接网页

通过 data-rel="dialog"属性可以让链接页面显示在弹出的新窗口中。从移动设备上看起来和一般链接方式差不多，两者的差别在于弹出窗口的左上角会有一个"关闭"按钮，而且使用弹出窗口的显示链接页面

图 11-28　范例 ch11_03.htm 的执行结果

不会记录在浏览器的历程里，所以当我们单击"到第二页"或"回到第一页"时不会切换到这个页面。弹出新窗口的语句如下：

```
<a href="#second" data-rel="dialog">第二页</a>
```

范例：ch11_04.htm

```
<body>
<!--第一页-->
   <div data-role="page" data-title="第一页" id="first">
      <div data-role="header">
          <h1>第一页</h1>
      </div>
      <div data-role="content" id="content">
          <a href="#second" data-rel="dialog">到第二页</a>
      </div>
      <div data-role="footer">
          <h4>页尾</h4>
      </div>
      </div>
<!--第二页-->
   <div data-role="page" data-title="第二页" id="second">
      <div data-role="header">
          <h1>第二页</h1>
      </div>
      <div data-role="content" id="content">
          这是弹出的窗口
      </div>
   </div>
</body>
```

执行结果如图 11-29 所示。

这里会出现
"关闭"按钮 ——→

图 11-29　范例 ch11_04.htm 的执行结果

11-3-2 ThemeRoller 快速套用主题

许多人制作网页时都会遇到配色问题，既要选择背景颜色又要搭配按钮颜色，对于没有美工背景的人来说，光配色就要花费许多时间，实在是很累人的事，还好 jQuery Mobile 提供了一项非常好用的网页工具——ThemeRoller，轻轻松松就可以下载套用。下面我们就来介绍 ThemeRoller。

ThemeRoller 的网址为 http://jquerymobile.com/themeroller/。下载 ThemeRoller 网页工具的网站如图 11-30 所示。

图 11-30 下载 ThemeRoller 网页工具的网站

一进入网页就可以看到 ThemeRoller 编辑器，默认有 4 个空白的主题面板（Swatch），分别为 A、B、C、D，左侧菜单栏的标签也有对应的 A、B、C、D 标签，标签里有相关选项可以用于设置，如图 11-31 所示。

图 11-31 ThemeRoller 编辑器的基本功能一览图

　　如果想知道组件对应的标签选项，可以使用 Inspector 工具协助，如图 11-32 所示。

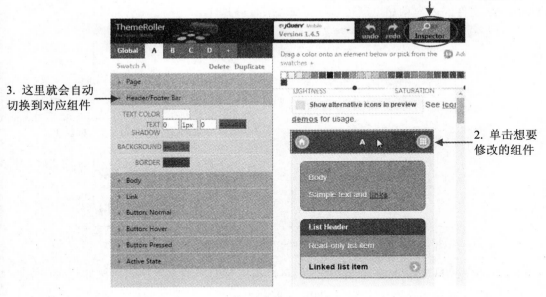

图 11-32　使用 Inspector 工具

　　设置好之后，只要单击左上方的 Download 按钮就会出现如图 11-33 所示的下载界面。

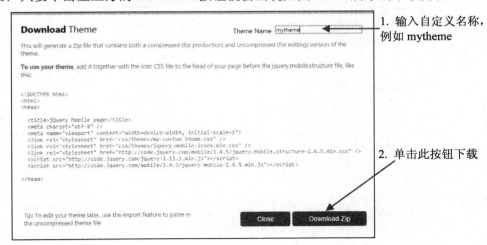

图 11-33　下载 Theme

　　下载的文件为 zip 压缩文件，解压缩文件后会有一个 index.htm 文件和一个 themes 文件夹。index.htm 文件中写着如何引用这个 CSS 文件，打开 index.htm 文件后就可以看到引用文件的完整说明。

提示

　　记得将 themes 文件夹复制到网页（HTML 文件）所在的文件夹。

themes 文件夹中有我们要引用的 mytheme.min.css 文件，以及未压缩的 mytheme.css 文件，当你日后想再次修改这个 CSS 样式时，只要回到 ThemeRoller 网站单击 import 按钮，把 mytheme.css 文件的内容粘贴上就可以了，如图 11-34 所示。

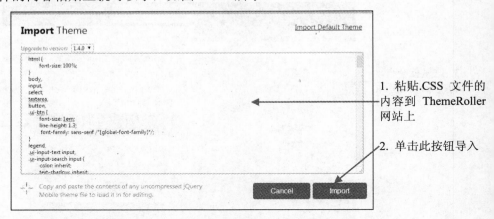

1. 粘贴.CSS 文件的内容到 ThemeRoller 网站上

2. 单击此按钮导入

图 11-34　导入 CSS 样式文件的内容到 ThemeRoller 网站进行修改

制作好的样式只要用 data-theme 属性就可以指定想套用的主题样式，例如想套用主题 A，那么程序代码只要在元素内加上 data-theme="a"即可。

通过下面的范例练习怎么套用制作好的样式。

范例：ch11_05.htm

```
<!DOCTYPE html>
<html>
<head>
<title>ch11_05</title>
<meta charset="utf-8">
<meta name="viewport" content="width=device-width, initial-scale=1">
<link rel="stylesheet" href="http://code.jquery.com/mobile/1.4.5/
jquery.mobile-1.4.5.min.css" />
<script src="http://code.jquery.com/jquery-1.11.1.min.js"></script>
<script src="http://code.jquery.com/mobile/1.4.5/
jquery.mobile-1.4.5.min.js"></script>
<link rel="stylesheet" href="themes/mytheme.min.css" />
                                            导入 mytheme.min.css
<style type="text/css">
#content{text-align:center;}
</style>
</head>
<body>                                          套用样式 A
<div data-role="page" data-title="课程" id="first" data-theme="a">
    <div data-role="header">
        <h1>课程</h1>
    </div>
    <div data-role="content" id="content">
        <ul data-role="listview" data-inset="true">
```

```
            <li>
                <a href="chinese.htm">
                    <img src="images/chinese.jpg" />
                    <h3>语文</h3>
                    <p>时间：星期一 人数：15 人</p>
                    <span class="ui-li-count">12</span>
                </a>
                <a href="#taking" data-icon="gear"></a>
            </li>
            <li>
                <a href="math.htm">
                    <img src="images/math.jpg" />
                    <h3>数学</h3>
                    <p>时间：星期三 人数：20 人</p>
                    <span class="ui-li-count">18</span>
                </a>
                <a href="#taking" data-icon="gear"></a>
            </li>
            <li>
                <a href="english.htm">
                    <img src="images/english.jpg" />
                    <h3>英语</h3>
                    <p>时间：星期五 人数：30 人</p>
                    <span class="ui-li-count">20</span>
                </a>
                <a href="#taking" data-icon="gear"></a>
            </li>
        </ul>
    </div>
    <div data-role="footer">
        <h4>页尾</h4>
    </div>
</div>

</body>
</html>
```

执行结果如图 11-35 所示。

图 11-35　范例 ch11_05.htm 的执行结果

233

在要设置主题的组件加上类似于 data-theme="a"的语句，页面上的组件就会套用设置好的主题样式，此范例中只设置了一个主题 A，当然你也可以多制作几个主题，如 B 和 C，再让各个组件套用不同的主题。例如，想让标题栏使用主题 B，可以如下表示：

```
<div data-role="header" data-theme="b">
```

如果同一文件导入多个重复的主题，就会以最后一个 css 文件为主，默认套用 A 样式，data-theme 套用 A 样式也可以省略不写。

📖 学习小教室

套用默认主题

jQuery Mobile 的默认主题有 5 种，swatch 分别是 A、B、C、D、E。不一定要到 ThemeRoller 制作主题样式，也可以直接套用默认的主题。

下面列出这 5 种 swatch 样式供读者参考。

swatch A：黑色（见图 11-36）

图 11-36　主题 A

swatch B：蓝色（见图 11-37）

图 11-37　主题 B

swatch C：浅灰色（见图 11-38）

图 11-38　主题 C

swatch D：灰色（见图 11-39）

图 11-39　主题 D

swatch E：黄色（见图 11-40）

图 11-40　主题 E

第 12 章

jQuery Mobile 事件

jQuery Mobile 的"事件"（Event）是指用户执行某种操作时所触发的程序，例如当用户单击按钮时触发按钮的单击（Click）事件，当用户滚动屏幕时触发滚动事件等。这些事件可以让我们在编写程序时更容易根据用户所执行的操作做出响应。本章我们来看 jQuery Mobile 提供了哪些事件可供使用。

12-1　页面事件

jQuery Mobile 针对各个页面生命周期的事件可分为下列 3 种。

- **页面初始化事件**（**Page Initialization**）：分别在页面初始化之前、页面创建时以及页面初始化之后触发。
- **外部页面载入事件**（**Page Load**）：外部页面载入时触发。
- **页面切换事件**（**Page Transition**）：页面切换时触发。

处理事件的方式很简单，只要用 jQuery 提供的 on()方法指定要触发的事件并设置事件处理函数即可，语句格式如下：

```
$(document).on(事件名称, 选择器, 事件处理函数);
```

其中，"选择器"可以省略，表示事件作用于整个页面而不限定于哪一个组件。

12-1-1　初始化事件

初始化事件分别在页面初始化之前、页面创建时以及页面初始化之后触发，常用的页面初始化按照触发顺序排列如下：

Mobileinit

当 jQuery Mobile 开始执行时先触发 mobileinit 事件，当想要更改 jQuery Mobile 默认的设置值时可以将函数绑定到 mobileinit 事件。如此一来，jQuery Mobile 会以 mobileinit 事件的设置值取代原本的设置，语句如下：

```
$(document).on("mobileinit", function(){
  //程序语句
});
```

上述语句使用 jQuery 的 on()方法绑定 mobileinit 事件并设置事件处理函数。

举例来说，jQuery Mobile 默认任何操作都会使用 Ajax 的方式，如果不想使用 Ajax，就可以在 mobileinit 事件将$.mobile.ajaxEnabled 更改为 false，语句如下：

```
$(document).on('mobileinit', function(){
  $.mobile.ajaxEnabled=false;
});
```

要特别注意，mobileinit 的绑定事件要放在导入 jquery.mobile.js 之前。

Pagebeforecreate、Pagecreate、pageinit

这 3 个事件都是在初始化前后触发，Pagebeforecreate 会在页面 DOM 加载后、正在初始化时触发；Pagecreate 是在当页面的 DOM 加载完成且初始化也完成时触发；pageinit 是在页面初始化之后触发。其语句如下：

```
$(document).on("pagebeforecreate ", function(){
  //程序语句
});
```

例如：

```
$(document).on("pagebeforecreate",function(){
  alert("pagebeforecreate 事件被触发了!")
});
```

在 jQuery 中判断 DOM 是否加载就绪使用的是$(document).ready()，而 jQuery Mobile 使用 pageinit 事件处理。

通过范例来看执行结果就能清楚这 3 个事件的触发时机。

范例：CH12_01.htm

```
<!DOCTYPE html>
<html>
<head>
<title>jQuery Mobile 初始化事件</title>
<meta charset="utf-8">
<meta name="viewport" content="width=device-width, initial-scale=1">
<link rel="stylesheet" href="http://code.jquery.com/mobile/1.4.5/
jquery.mobile-1.4.5.min.css" />
<script src="http://code.jquery.com/jquery-1.11.1.min.js"></script>
<script src="http://code.jquery.com/mobile/1.4.5/
jquery.mobile-1.4.5.min.js"></script>
<script>
$(document).one("pagebeforecreate",function(){
  alert("pagebeforecreate 事件被触发了!")
});
$(document).one("pagecreate",function(){
  alert("pagecreate 事件被触发了!")
});
$(document).one("pageinit",function(){
  alert("pageinit 事件被触发了!")
});
</script>
</head>
<body>
    <!--第一页-->
    <div data-role="page" data-title="第一页" id="first" data-theme="a">
        <div data-role="header">
            <a href="#second">到第二页</a>
```

```
        <h1>初始化事件</h1>
    </div>
    <div data-role="content">
        初始化事件测试<br>
        这是第一页
    </div>
    <div data-role="footer">
        <h4>页尾</h4>
    </div>
</div>
<!--第二页-->
<div data-role="page" data-title="第二页" id="second" data-theme="b">
    <div data-role="header">
        <a href="#first">回到第一页</a>
        <h1>初始化事件</h1>
    </div>
    <div data-role="content">
        初始化事件测试<br>
        这是第二页
    </div>
    <div data-role="footer">
        <h4>页尾</h4>
    </div>
</div>
</body>
</html>
```

执行结果如图 12-1 所示。

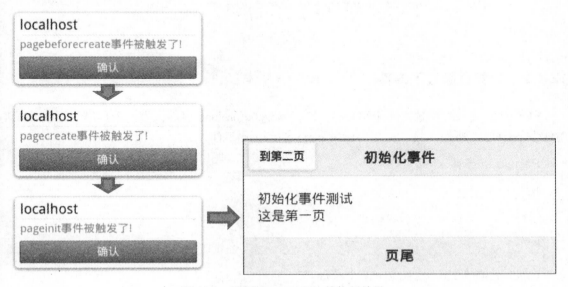

图 12-1   范例 ch12_01.htm 的执行结果

学习小教室

绑定事件的方法：on()与 one()

绑定事件的 on()方法也可以改用 one()方法代替，两者的差别在于 one()只能执行一次。例如，当我们想将按钮绑定 click（单击）事件时，on()方法的程序代码如下：

```
$("#btn_on").on('click',function(){
    alert("你单击了 on 按钮")
 });
```

one()方法程序代码如下：

```
$("#btn_one").one('click',function(){
    alert("你单击了 one 按钮")
 });
```

上述程序是当单击按钮时跳出信息窗口，on()绑定的按钮每次单击都会执行，而 one()绑定的按钮只会执行一次。

可以开启 ch12_01t.htm 文件进行实际测试，执行结果如图 12-2 所示。

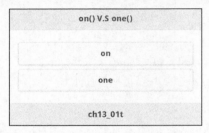

图 12-2　范例 ch12_01t.htm 的执行结果

12-1-2　外部页面载入事件

外部页面载入时会触发两个事件，一个是 pagebeforeload 事件；另一个是当页面载入成功时触发 pageload 事件，载入失败时触发 pageloadfailed 事件。

Pageload 事件

语句举例如下：

```
$(document).on("pageload",function(event,data){
    alert("URL: "+data.url);
});
```

Pageload 的处理函数有以下两个参数。

- event：任何 jQuery 的事件属性，例如 event.target、event.type、event.pageX 等。
- data：包含以下 6 种属性。
  - ➤ url：字符串（string）类型，页面的 URL 地址。

> ➤ absUrl: 字符串类型，绝对路径。
> ➤ dataUrl: 字符串类型，网址栏的 URL。
> ➤ options: 对象（object）类型，$.mobile.loadPage()指定的选项。
> ➤ xhr: 对象类型，XMLHttpRequest 对象。
> ➤ textStatus: 对象状态或空值（null），返回状态。

pageloadfailed 事件

如果页面加载失败，就会触发 pageloadfailed 事件，默认出现 Error Loading Page 文字，语句举例如下：

```
$(document).on("pageloadfailed",function(){
  alert("页面加载失败");
});
```

12-1-3　页面切换事件

jQuery Mobile 切换页面的特效一向是众人津津乐道的功能之一，我们先来看 jQuery Mobile 切换页面的语句：

```
$( ":mobile-pagecontainer" ).pagecontainer( "change", to[, options]);
```

- **to**: 想要切换的目的页面，值必须是字符串或 DOM 对象，内部页面可以直接指定 DOM 对象的 id 名称，例如要切换到 id 名称为 second 的页面，可以写成#second，想要链接到外部页面，必须以字符串表示，例如 abc.htm。
- **options（属性）**：可省略不写，属性请参考表 12-1。

表 12-1　属性说明

属性	说明
allowSamePageTransition	默认值：false 是否允许切换到当前页面
changeHash	默认值：true 是否更新浏览记录，若将属性设为 false，则当前页面浏览记录被清除，用户无法通过"回上一页"按钮返回
dataUrl	更新网址栏的 URL
loadMsgDelay	加载界面延迟秒数，单位为 ms（毫秒），默认值为 50。如果页面在此秒数之前加载完成，就不会显示正在加载中的信息界面
reload	默认值：false 当页面已经在 DOM 中时是否将页面重新加载
reverse	默认值：false 页面切换效果是否要反向，如果设为 true，就模拟回上一页的效果
showLoadMsg	默认值：true 是否要显示加载中的信息界面
transition	切换页面时使用的转场动画效果
type	默认值：get 当 to 的目标是 URL 时，指定 HTTP Method 使用 get 或 post

其中，transition 属性用于指定页面转场动画效果，如飞入、弹出或淡入淡出效果等共有 6 种，如表 12-2 所示。

表 12-2　6 种转场动画的效果

转场效果	说明
slide	从右到左
slideup	从下到上
slidedown	从上到下
pop	从小点至全屏幕
fade	淡入淡出
flip	2D 或 3D 旋转动画（支持 3D 效果的设备才能使用）

下面来看页面切换的范例。

范例：CH12_02.htm

```
<!DOCTYPE html>
<html>
<head>
<title>转场特效</title>
<meta charset="utf-8">
<meta name="viewport" content="width=device-width, initial-scale=1">
<link rel="stylesheet"
href="http://code.jquery.com/mobile/1.4.5/jquery.mobile-1.4.5.min.css" />
<script src="http://code.jquery.com/jquery-1.11.1.min.js"></script>
<script src="http://code.jquery.com/mobile/1.4.5/jquery.mobile-
1.4.5.min.js"></script>
<script>
$( document ).one( "pagecreate", ".demo_page", function() {
    $("#goSecond").on('click',function(){
        $( ":mobile-pagecontainer" ).pagecontainer( "change", "#second", {
            transition: "slide"
        });
    });
    $("#gofirst").on('click',function(){
        $( ":mobile-pagecontainer" ).pagecontainer( "change", "#first", {
            transition: "pop"
        });
    });
})
</script>
</head>
<body>
    <!--第一页-->
    <div data-role="page" data-title="第一页" id="first" class="demo_page">
        <div data-role="header">
            <a href="#" id="goSecond">到第二页</a>
            <h1>浪淘沙</h1>
```

```
        </div>
        <div data-role="content">
        罗衾不耐五更寒。梦里不知身是客，一晌贪欢。<br>
        独自莫凭栏，无限江山，别时容易见时难。<br>
        流水落花春去也，天上人间。
        </div>
        <div data-role="footer">
            <h4>李煜《浪淘沙》</h4>
        </div>
    </div>
    <!--第二页-->
    <div data-role="page" data-title="第二页" id="second" class="demo_page"
data-theme="b">
        <div data-role="header">
            <a href="#first" data-transition="pop"  data-theme="a">回上一页
</a>
            <a href="#" id="gofirst" data-theme="a">回到第一页</a>
            <h1>锦 瑟</h1>
        </div>
        <div data-role="content" data-theme="a">
        锦瑟无端五十弦，一弦一柱思华年。<br>
        庄生晓梦迷蝴蝶，望帝春心托杜鹃。<br>
        沧海月明珠有泪，蓝田日暖玉生烟。<br>
        此情可待成追忆，只是当时已惘然。
        </div>
        <div data-role="footer">
            <h4>李商隐《锦瑟》</h4>
        </div>
    </div>
</body>
</html>
```

执行结果如图 12-3 所示。

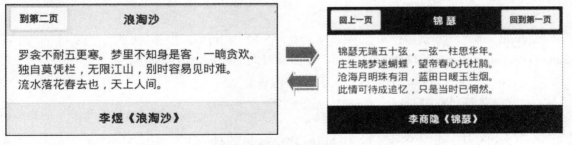

图 12-3　范例 ch12_02.htm 的执行结果

单击"到第二页"按钮后第二页便会从右侧滑入，单击"回到第一页"按钮会以跳出方式显示第一页，当然也可以采用如同范例中"回上一页"按钮的写法：

```
<a href="#first" data-transition="pop">回上一页</a>
```

直接在<a>标签使用 **data-transition** 属性指定动画效果。

12-2　触摸事件

触摸（touch）事件会在用户触摸页面（移动设备的屏幕）时发生，单击、按住不放（长按）以及在屏幕上滑动等操作都会触发 touch 事件。

12-2-1　单击事件

当用户触碰页面时会触发单击（tap）事件，如果单击后按住不放，几秒之后就会触发长按（taphold）事件。

注意，click（鼠标单击）与 tap（手指单击）都会触发单击事件，但是在智能手机或移动设备的 Web 端，click 会有 200～300ms 的延迟，所以一般用 tap 代替 click 作为单击事件。另外，为了区别移动设备端的单击和双击，会对应 singleTap 和 doubleTap。后文为了避免混淆，用手指单击屏幕会加注英文；若没有任何注释，则是常规的鼠标单击操作或者事件。

单击

单击（tap）事件在触碰页面时会触发，语句如下：

```
$("div").on("tap",function(){
  $(this).hide();
});
```

在上述语句中，单击（tap）div 组件后会将该组件隐藏。

单击并按住不放

当单击页面按住不放（taphold）时会触发 taphold 事件，语句如下：

```
$("div").on("taphold",function(){
  $(this).hide();
});
```

taphold 事件默认为按住不放 750 毫秒（ms）之后触发，也可以通过 $.event.special.tap.tapholdThreshold 语句改变触发时间的长短，语句如下：

```
$(document).on("mobileinit", function(){
    $.event.special.tap.tapholdThreshold=3000;
});
```

在上述语句中，指定按住不放 3 秒后触发 taphold 事件。下面通过范例实践一下。

范例：CH12_03.htm

```
<!DOCTYPE html>
<html>
<head>
<title>触摸事件</title>
```

```
    <meta charset="utf-8">
    <meta name="viewport" content="width=device-width, initial-scale=1">
    <link rel="stylesheet"
href="http://code.jquery.com/mobile/1.4.5/jquery.mobile-1.4.5.min.css" />
    <script src="http://code.jquery.com/jquery-1.11.1.min.js"></script>
    <script src="http://code.jquery.com/mobile/1.4.5/
jquery.mobile-1.4.5.min.js"></script>
    <script>
            $(document).on("mobileinit", function(){
                $.event.special.tap.tapholdThreshold=2000
            });
            $(function() {
                $("#main_content").on("tap",function(){
                    $(this).css("color","red")
                });
                $("img").on("taphold",function(){
                    $(this).hide();
                });
            });
    </script>
    </head>
    <body>
        <div data-role="page">
            <div data-role="header">
                <h1>浪淘沙</h1>
            </div>
            <div data-role="content">
            <img src="images/pic2.jpg" width="231" height="200" border="0"><br>
            <div id="main_content">
            罗衾不耐五更寒。梦里不知身是客，一晌贪欢。<br>
            独自莫凭栏，无限江山，别时容易见时难。<br>
            流水落花春去也，天上人间。
            </div>
            </div>
            <div data-role="footer">
                <h4>李煜《浪淘沙》</h4>
            </div>
        </div>
    </body>
    </html>
```

执行结果如图 12-4 所示。

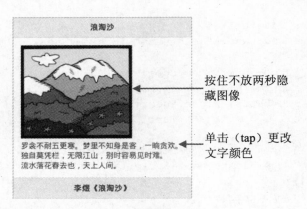

按住不放两秒隐藏图像

单击（tap）更改文字颜色

图 12-4　范例 ch12_03.htm 的执行结果

12-2-2　滑动事件

屏幕滑动的检测是常用的功能之一，可以让应用程序使用起来更加直觉与顺畅。滑动事件是指使用手指屏幕左右滑动时触发的事件，起点必须在对象内，一秒钟内发生左右移动距离大于 30px 时触发。滑动事件使用 swipe 语句捕捉，语句如下：

```
$("div").on("swipe",function(){
  $("span").text("您滑动屏幕了！");
});
```

上述语句是捕捉 div 组件的滑动事件，将消息正文显示在 span 组件中。

我们也可以使用 swipeleft 捕捉向左滑动事件，使用 swiperight 捕捉向右滑动事件，语句举例说明如下：

```
$("div").on("swipeleft",function(){
  $("span").text("您向左滑动屏幕了！");
});
```

上述语句是捕捉 div 组件上的向左滑动事件。

范例：CH12_04.htm

```
<!DOCTYPE html>
<html>
<head>
<title>滑动事件</title>
<meta charset="utf-8">
<meta name="viewport" content="width=device-width, initial-scale=1">
<link rel="stylesheet" href="http://code.jquery.com/mobile/1.4.5/
jquery.mobile-1.4.5.min.css" />
<script src="http://code.jquery.com/jquery-1.11.1.min.js"></script>
<script src="http://code.jquery.com/mobile/1.4.5/
jquery.mobile-1.4.5.min.js"></script>
<style>
      span{color:#ff0000}
```

```
</style>
<script>
        $(function() {
            $("img").on("swipe",function(){
                $("span").text("触发了滑动事件！");
            });
            $("#main_content").on("swipeleft",function(){
                $("span").text("触发了向左滑动事件！");
            });
        });
</script>
</head>
<body>
    <div data-role="page">
        <div data-role="header">
            <h1>浪淘沙</h1>
        </div>
        <div data-role="content">
        <span></span><br>
        <img src="images/pic2.jpg" width="231" height="200" border="0"><br>
        <div id="main_content">
        罗衾不耐五更寒。梦里不知身是客，一晌贪欢。<br>
        独自莫凭栏，无限江山，别时容易见时难。<br>
        流水落花春去也，天上人间。
        </div>
        </div>
        <div data-role="footer">
            <h4>李煜《浪淘沙》</h4>
        </div>
    </div>

</body>
</html>
```

执行结果如图 12-5 所示。

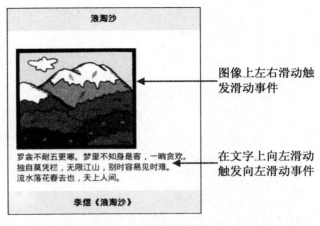

图 12-5   范例 ch12_04.htm 的执行结果

12-2-3　滚动事件

滚动事件是指在屏幕上下滚动时触发的事件，jQuery Mobile 提供了两种滚动事件，分别是滚动开始触发和滚动停止触发。滚动事件可使用 scrollstart 语句捕捉滚动开始事件，使用 scrollstop 语句捕捉滚动停止事件，语句如下：

```
$(document).on("scrollstart",function(){
   $("span").text("您滚动屏幕了！");
});
```

范例：CH12_05.htm

```
<!DOCTYPE html>
<html>
<head>
<title>滚动事件</title>
<meta charset="utf-8">
<meta name="viewport" content="width=device-width, initial-scale=1">
<link rel="stylesheet" href="http://code.jquery.com/mobile/1.4.5/
jquery.mobile-1.4.5.min.css" />
<script src="http://code.jquery.com/jquery-1.11.1.min.js"></script>
<script src="http://code.jquery.com/mobile/1.4.5/
jquery.mobile-1.4.5.min.js"></script>
<style>
span{color:#ff0000}
</style>
<script>
      $(function() {
           $("img").on("scrollstart",function(){
                alert("您触发了滚动事件！");
           });
           $("img").on("scrollstop",function(){
                $("span").text("滚动结束！");
           });
      });
</script>
</head>
<body>
   <div data-role="page">
      <div data-role="header">
          <h1>浪淘沙</h1>
      </div>
      <div data-role="content">
      <span></span><br>
      <img src="images/pic2.jpg" width="231" height="200" border="0"><br>
      <div id="main_content">
      罗衾不耐五更寒。梦里不知身是客，一晌贪欢。<br>
      独自莫凭栏，无限江山，别时容易见时难。<br>
      流水落花春去也，天上人间。
```

```
            </div>
            </div>
            <div data-role="footer">
                <h4>李煜《浪淘沙》</h4>
            </div>
        </div>
</body>
</html>
```

执行结果如图 12-6 所示。

图 12-6　范例 ch12_05.htm 的执行结果

12-2-4　屏幕方向改变事件

当用户水平或垂直旋转移动设备时会触发屏幕方向改变事件，建议将 orientationchange 事件绑定到 windows 组件，这样能有效捕捉方向改变事件。

```
$(window).on("orientationchange",function(event){
    alert("当前设备的方向是"+ event.orientation);
});
```

orientationchange 事件会返回设备是横向模式还是纵向模式，类型是字符串，使用处理函数加上 event 对象接收 orientation 属性值，返回的值为 landscape（横向）或 portrait（纵向）。看看下面的范例就能了解 orientationchange 事件的用法。由于范例需要捕捉设备方向改变事件，因此测试工具必须提供改变设备方向的功能，此处使用 Opera Mobile 软件测试执行结果。

范例：CH12_06.htm

```
<!DOCTYPE html>
<html>
<head>
```

```
<title>方向改变事件</title>
<meta charset="utf-8">
<meta name="viewport" content="width=device-width, initial-scale=1">
<link rel="stylesheet" href="http://code.jquery.com/mobile/1.4.5/
jquery.mobile-1.4.5.min.css" />
<script src="http://code.jquery.com/jquery-1.11.1.min.js"></script>
<script src="http://code.jquery.com/mobile/1.4.5/
jquery.mobile-1.4.5.min.js"></script>
<style>
span{color:#ff0000}
</style>
<script>
$(document).on("pageinit",function(event){
    $( window ).on( "orientationchange", function( event ) {
        if(event.orientation == "landscape")
          $( "#orientation" ).text( "现在是横向模式！" );
        if(event.orientation == "portrait")
          $( "#orientation" ).text( "现在是纵向模式！" );
    });
})
</script>

</head>
<body>
    <div data-role="page">
        <div data-role="header">
            <h1>浪淘沙</h1>
        </div>
        <div data-role="content">
        <span id="orientation"></span><br>
        <img src="images/pic2.jpg" width="231" height="200" border="0"><br>
        <div id="main_content">
        罗衾不耐五更寒。梦里不知身是客，一晌贪欢。<br>
        独自莫凭栏，无限江山，别时容易见时难。<br>
        流水落花春去也，天上人间。
        </div>
        </div>
        <div data-role="footer">
            <h4>李煜《浪淘沙》</h4>
        </div>
    </div>
</body>
</html>
```

执行结果如图 12-7 所示。

当方向改变时显示
横向或纵向模式

单击此按钮可以模拟
设备方向改变的效果

图 12-7　范例 ch12_06.htm 的执行结果

从范例中可以清楚地了解，借助 event.orientation 属性就可以得知设备的方向。

如果设备方向改变时要取得设备的宽度与高度，就可以绑定 resize 事件。resize 事件在页面大小改变时会触发，语句如下：

```
$( window ).on( "resize", function() {
    var win = $(this);    //this 指的是 window
    alert(win.width()+","+win.height())
});
```

第13章

嵌入百度地图和谷歌地图

百度地图和谷歌地图（Google Maps）相信是许多人搜索地点路线的首选。对于公司网站来说，把百度地图或谷歌地图直接内嵌在网页中能为客户提供清楚的路线图，用户就不再需要自己大费周章地搜索位置了。百度和谷歌都开放了地图相关的 API，让我们能够借助这些 API 将百度地图或谷歌地图应用在自己的网页中。

本章来看如何利用百度地图 API 和谷歌地图 API 将地图内嵌到网页中。

13-1　百度地图 API 和谷歌地图 API

百度地图 API 和谷歌地图 API 可以应用在很多地方，例如按地址显示地图或获取两地之间的距离等，看过这章的介绍后你会发现这项功能并不难，只要搭配一点简单的 JavaScript 语句就可以实现。除了本章所介绍的范例，相信读者可以制作出更多有创意的应用来。

13-1-1　简易的百度地图和谷歌地图

百度地图和谷歌地图 API 基本上都是免费使用的，不过如果每天地图加载数量达到限额以上就需要收费。编写本书时，百度地图 API Web 版本的最新版本为 JavaScript 2.0，谷歌地图 API 的最新版本是 Google Maps JavaScript API 3.0。

百度地图 API 免费对外开放，自 v1.5 版本起，使用前需先到百度网站申请密钥（AK），该 API 接口（除发送短信功能外）无使用次数限制。申请 API 密钥的网址为 http://lbsyun.baidu.com/。

谷歌地图 API 的旧版在使用谷歌地图 API 之前必须先到谷歌网站申请密钥（API keys）。谷歌地图 API V3.0 不需要密钥，直接就可以使用，更加简单方便。不过谷歌公司建议申请密钥使用 API 控制台查看 Maps API 的使用量，申请密钥请进入 Google Maps JavaScript API 网页，按照说明操作即可，网址如下：

https://developers.google.com/maps/documentation/javascript/?hl=zh-cn

使用百度地图需要以下 3 个步骤：

步骤01 加载百度地图 API（注意：下面的范例程序中"您的密钥"为开发者在百度申请的使用百度地图 API 的密钥。若要运行本章提供的百度地图范例程序，请将申请的密钥填入范例程序标记为"您的密钥"的位置）。

步骤02 创建地图容器放置地图（通常使用 DIV 组件）。

步骤03 设置地图属性，建立地图。

下面我们通过范例进行说明，先看看嵌入百度地图的用法。

范例：ch13_01_百度.htm

```
<!DOCTYPE html>
<html>
<head>
```

```
<title>ch13_01</title>
<meta charset="utf-8">

<meta name="viewport" content="width=device-width, initial-scale=1">
<link rel="stylesheet" href="http://code.jquery.com/mobile/1.4.5/
jquery.mobile-1.4.5.min.css" />
<script src="http://code.jquery.com/jquery-1.11.1.min.js"></script>
<script src="http://code.jquery.com/mobile/1.4.5/
jquery.mobile-1.4.5.min.js"></script>
<script src="http://api.map.baidu.com/api?v=2.0&ak=您的密钥" async defer >
//替换成您申请的百度地图 API 密钥方可运行。
//v2.0 版本的引用方式: src="http://api.map.baidu.com/api?v=2.0&ak=您的密钥"
//v1.4 版本及以前版本的引用方式: src="http://api.map.baidu.com/api?v=1.4&key=您
的密钥&callback=initialize"
</script>

<script>
$(window).load(function() {
        $("#map_canvas").css('width', $(window).width()-30);
        $("#map_canvas").css('height', $(window).height()-50);
        init();
});

function init() { //
    var map = new BMap.Map("map_canvas");          // 创建 Map 实例
    var point = new BMap.Point(116.404017, 39.915073);  // 创建点坐标
    map.centerAndZoom(point,15);
    map.enableScrollWheelZoom();                    //启用滚轮放大缩小
}
window.onload = loadJScript;  //异步加载地图

</script>
</head>
<body>
<div data-role="page" id="map-page">
    <div data-role="header" data-theme="a">
    <h1>显示地图</h1>
    </div>
    <div  data-role="content" id="map_canvas">
        <!--地图-->
    </div>
    <div data-role="footer"><h4>北京市故宫博物院</h4>
    </div>
</div>
</body>
</html>
```

执行结果如图 13-1 所示。

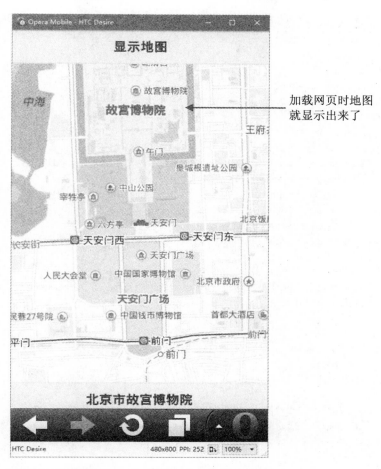

加载网页时地图就显示出来了

图 13-1　范例 ch13_01_百度.htm 的执行结果

网页嵌入谷歌需要下列 3 个步骤：

步骤 01 使用 script 标签加载 Google Maps JavaScript API。

步骤 02 创建地图容器放置地图（通常使用 DIV 组件）。

步骤 03 设置地图属性，建立地图。

下面我们来看嵌入谷歌地图的用法。

范例：ch13_01_谷歌.htm

```
<!DOCTYPE html>
<html>
<head>
<meta name="viewport" content="width=device-width, initial-scale=1">
<link rel="stylesheet" href="http://code.jquery.com/mobile/1.4.5/
jquery.mobile-1.4.5.min.css" />
<script src="http://code.jquery.com/jquery-1.11.1.min.js"></script>
<script src="http://code.jquery.com/mobile/1.4.5/
jquery.mobile-1.4.5.min.js"></script>
```

```
<!--载入 Google Maps API-->
<script src="https://maps.google.com/maps/api/js" async defer></script>

<script>
$(window).load(function() {
        initialize();
});
function initialize()
{
    var myLatlng = new google.maps.LatLng(39.915073, 116.404017);
    //Google Map 初始设置
    var myOptions = {
        zoom: 15,
        center: myLatlng,
        mapTypeId: google.maps.MapTypeId.ROADMAP
    }

    var map = new google.maps.Map(document.getElementById("map_canvas"),
myOptions);

}

</script>
</head>
<body>
<div data-role="page" id="map-page">
    <div data-role="header" data-theme="a">
    <h1>显示地图</h1>
    </div>
    <div data-role="content" id="map_canvas">
        <!--地图-->
    </div>
    <div data-role="footer"><h4>北京市故宫博物院</h4>
    </div>
</div>
</body>
</html>
```

执行结果如图 13-2 所示。

注意，在范例 ch13_01_百度.htm 和 ch13_01_谷歌.htm 中，我们采用了相同的经度和纬度，但是程序实际执行后显示的地图位置并不完全一致，大家可以仔细比较图 13-1 和图 13-2 中地图的中心位置，这不是程序错误，而是因为百度地图和谷歌地图在解析经度和纬度时不一致造成的，所以大家在实际开发和应用中需要根据所使用的不同地图 API 进行微调。网上有转换百度地图和谷歌地图之间经纬度偏差的各种方法，大家可以搜索出来比较一下，看看哪一个适合自己使用。

接下来，按序说明地图加载流程及其程序代码。

加载网页时地图
就显示出来了

图 13-2　范例 ch13_01_谷歌.htm 的执行结果

使用 script 标签加载百度地图 API 和谷歌地图 API

百度地图 API 或者谷歌地图 API 可以让我们使用 JavaScript 将地图嵌入自己的网页，一开始必须把 JavaScript 函数库加载进来，就是通过 HTTPS 加载 API。

加载百度地图 API（需要填入申请的密钥）的语句如下：

```
<script src="http://api.map.baidu.com/api?v=2.0&ak=您的密钥" async defer >
```

加载谷歌地图 API 的语句如下：

```
<script src="https://maps-api-ssl.google.com/maps/api/js" async defer >
</script>
```

以此方式嵌入 API 可以让数据受到 HTTPS（HTTP over SSL）通信协议加密的保护。

async 属性与 defer 属性用来设置外部 js 文件运行的方式，当 script 标签没有这两个属性时，js 文件同步下载与执行。也就是说，浏览器会先等 js 文件下载和执行完成才会继续网页其他部分的解析，因此添加很多外部 js 文件会拖慢网页加载速度，这时网页会先呈现一片空白。

接下来介绍 async 属性与 defer 属性各有什么作用。

※ async 属性

async 属性是 HTML5 新增的属性，可让外部 js 文件异步下载与执行。简单来说，js 程序代码会在后台下载与执行，而浏览器会同时继续解析其他部分，当网页有大量程序代码需要解析时，async 属性可以明显提升网页加载的性能。

※ defer 属性

defer 属性用于延迟执行，js 程序代码会在后台下载，浏览器同时继续进行解析，js 程序代码会等网页被完整读取与解析后才会执行。

当 async 属性与 defer 属性同时存在时，defer 属性会被忽略。如果浏览器不支持 async 属性，就会套用 defer 属性。

学习小教室

关于"同步"与"异步"

异步是 JavaScript 程序相当重要的概念，刚学习编写程序时很容易搞混"同步"与"异步"两个词。简单来说，同步是多个指令按顺序执行，前一个指令执行完才会执行下一个，如图 13-3 所示。

图 13-3　同步概念的示意图

异步是不需等待 B 完成，C 就可以开始执行，节省了等待的时间，如图 13-4 所示。

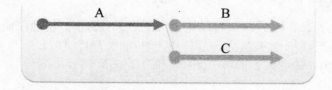

图 13-4　异步概念的示意图

创建地图容器放置地图（通常使用 DIV 组件）

使用<div>标签在网页上指定地图放置的区域，DIV 的大小也就是地图显示的范围，在一开始建立 DIV 标签时可以先把宽和高指定好，百度和谷歌的这条语句是一样的，格式如下：

```
<style>
#map_canvas { width: 100%; min-height: 100%; }
</style>
<div id="map_canvas"></div>
```

设置地图属性并建立地图

BMap.Point 对象是百度地图专用的坐标对象，以经度（longitude）和纬度（latitude）两个参数进行定位；google.maps.LatLng 对象是谷歌地图 API 专用的坐标对象，以纬度和经度两个参数进行定位。注意百度和谷歌两个参数的次序是反过来的。其语句如下：

百度对应的语句：

```
var point = new BMap.Point(Longitude, Latitude)
```

谷歌对应的语句：

```
var myLatlng = new google.maps.LatLng(Latitude, Longitude)
```

例如，百度地图引用的位置是北京故宫博物院天安门时使用下式：

```
var point = new BMap.Point(116.404017, 39.915073);
```

谷歌地图指定北京故宫博物院天安门的位置时采用下式：

```
var myLatlng = new google.maps.LatLng(39.915073, 116.404017)
```

我们怎么知道某个地点的经纬度呢？很简单，对于百度而言，只要使用百度地图坐标拾取系统（http://api.map.baidu.com/lbsapi/getpoint/index.html）到地图上找到该地点，并将鼠标指针指向该地点，下方就会动态显示这个地点的经纬度，用鼠标单击该地点，在网页上方的"当前坐标点如下："栏中就会出现经纬度的数据，可供用户复制，如图 13-5 所示。

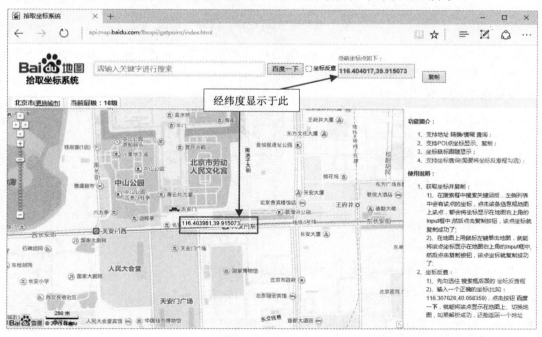

图 13-5　通过百度地图坐标拾取系统可以获取指向地点的经纬度

在谷歌地图上单击所选地点，再右击调出快捷菜单，从中选择"这儿有什么？"选项就可以查询出经纬度，如图 13-6 所示。

图 13-6　在谷歌地图中获取指向地点的经纬度

接着设置初始化信息，包括缩放比例、中心点及地图类型，并指定给网页上的\<div\>组件，百度地图和谷歌地图的初始化语句分别如下：

百度地图的初始化语句如下：

```
function init() { //
var map = new BMap.Map(DIV 组件);    // 创建 Map 实例
var point = new BMap.Point(经度, 纬度); // 创建点坐标
    map.centerAndZoom(point,15);
    map.enableScrollWheelZoom();              //启用滚轮放大缩小
}
```

通过一个对象的方法初始化地图。

谷歌地图的初始化语句如下：

```
var map = new google.maps.Map(DIV 组件, Options);
```

其中，Options 包含 3 个必填的参数，zoom、center 及 mapTypeId。

- zoom 属性：设置地图的缩放比例，设置值为 0~20，0 代表缩到最小，数值越大比例也越大。
- center 属性：设置地图显示的中心点，范例中指定 LatLng 对象所获取的坐标。
- mapTypeId 属性：设置地图类型，谷歌地图 API 提供的地图类型有下列 4 种。
  - ➢ MapTypeId.ROADMAP：显示常规地图。
  - ➢ MapTypeId.SATELLITE：显示卫星地图。

> ➤ MapTypeId.HYBRID: 显示地图与卫星地图混合。
> ➤ MapTypeId.TERRAIN: 显示地形图。

读者可以参考范例中所使用的参数值,语句如下:

```
//Google Map 初始设置
var myOptions = {
        zoom: 15,
        center: myLatlng,
        mapTypeId:google.maps.MapTypeId.ROADMAP
    }
    var map = new google.maps.Map(document.getElementById("map_canvas"),
myOptions);
```

13-1-2　地图控件

百度地图和谷歌地图上通常都有一些控件,可以让用户缩放地图或使用街景服务等,我们可以设置这些控件是否显示。

百度地图的控制包括 NavigationControl、OverviewMapControl、ScaleControl、MapTypeControl、CopyrightControl 以及 GeolocationControl,如图 13-7 所示。

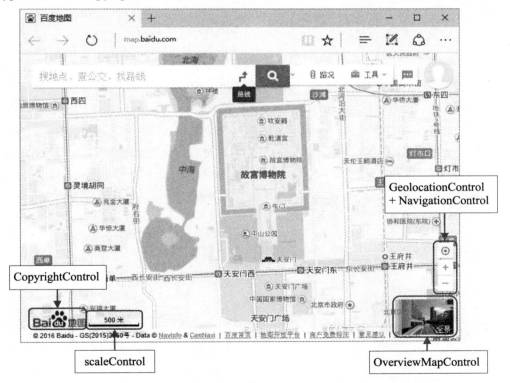

图 13-7　百度地图中的主要控件

谷歌地图的控件包括 mapTypeControl、navigationControl、scaleControl 以及 streetViewControl,如图 13-8 所示。

图 13-8　谷歌地图中的主要控件

在百度地图中，只要创建这些控件就可以将其显示出来，并且可以通过丰富的参数控制其显示的外观和位置。在谷歌地图中，如果地图小于 200*200px，这些控件除了 scaleControl 默认不显示外，其他控件默认都会显示出来，不想显示时将其属性值设为 false 即可，想显示时设为 true。想停用全部控件时将 disableDefaultUI 设置为 true 即可。

下例是将百度的 4 个控件显示出来（除 CopyrightControl 版权控件之外）。

```
//显示 4 个控件初始化
map.addControl(new BMap.NavigationControl());
map.addControl(new BMap.ScaleControl());
map.addControl(new BMap.OverviewMapControl());
map.addControl(new BMap.MapTypeControl());    ,
```

下例是将谷歌的 4 个控件全部显示出来。

```
//Google Map 初始化
var myOptions = {
    zoom: 15,
    center: myLatlng,
    mapTypeId:google.maps.MapTypeId.ROADMAP,
    zoomControl:true,
    mapTypeControl:true,
    scaleControl:true,
```

```
        streetViewControl:true
    }
    var map = new google.maps.Map(document.getElementById("map_canvas"),
myOptions);
```

13-2　按地址显示地图

学习了简单的地图显示方法，下面学习如何自动检测当用户单击网页上的地址后，百度地图和谷歌地图显示该地址的位置与地图。

13-2-1　地址定位

在谷歌中，地址定位使用 google.maps.Geocoder 对象存取谷歌地图 API 的地理编码服务，使用 Geocoder.geocode()方法向地理编码服务发出请求，将地址转换成坐标（经度和纬度），语句如下：

```
Geocoder.geocode(GeocodeRequest, GeocoderResults)
```

GeocodeRequest 对象常用的有下列两个参数。

- Address：将地址转换成地图位置。
- LatLng：将地图位置转换成地址（反向地理编码）。

简单来说，就是用 address 参数返回我们想要查询的地址，写法如下：

```
{'address' : address}
```

引号括起的 address 是 geocode 的参数，后面所带的值就是要查询的地址，也可以输入经纬度。

GeocoderResults 使用返回函数传送两个参数 results（结果）和 status（状态），语句如下：

```
geocoder.geocode( { 'address': address},function(results, status) {…})
```

返回的结果会是一个数组，这是因为返回值可能不止一个，例如我们输入查询的地点是"天安门"，查询结果可能会有"天安门"以及"天安门广场"，Geocoder 会将最相符的排在第一个，我们只要取数组第一个值就可以了，语句如下：

```
results[0].geometry.location
```

geometry.location 是 GeocoderResults 的编码处理结果之一，你也可以用 formatted_address 获取完整的地址。

```
results[0].formatted_addres
```

编码成功时，status 会返回 google.maps.GeocoderStatus.OK。
status 的返回可能有下列 5 种状态。

- google.maps.GeocoderStatus.OK：表示编码成功。

- google.maps.GeocoderStatus.ZERO_RESULTS：表示编码成功，但是并未返回任何结果。
- google.maps.GeocoderStatus.OVER_QUERY_LIMIT：表示已超过配额。
- google.maps.GeocoderStatus.REQUEST_DENIED：表示编码要求被拒绝。
- google.maps.GeocoderStatus.INVALID_REQUEST：通常表示数据无效。

整段程序代码如下：

```
geocoder = new google.maps.Geocoder();    //定义一个 Geocoder 对象
if (geocoder) {
    geocoder.geocode( { 'address': address},function(results, status) {
        if (status == google.maps.GeocoderStatus.OK) {
            map.setCenter(results[0].geometry.location);   //获取坐标
        } else {
            alert("编码失败，原因: " + status);
        }
    });
}
```

我们来看下面的完整范例。

范例：ch13_02.htm

```
<!DOCTYPE html>
<html>
<head>
<meta name="viewport" content="width=device-width, initial-scale=1">
<link rel="stylesheet"
href="http://code.jquery.com/mobile/1.4.5/jquery.mobile-1.4.5.min.css" />
<script src="http://code.jquery.com/jquery-1.11.1.min.js"></script>
<script src="http://code.jquery.com/mobile/1.4.5/
jquery.mobile-1.4.5.min.js"></script>
<!--加载 Google Maps API-->
<script src="https://maps.google.com/maps/api/js" async defer></script>

<script>

$(window).load(function() {
    var map;
    $("#searchAddr").click(function(){
        addrToMap();
    })

    initialize();

    function initialize()
    {
        var myLatlng = new google.maps.LatLng(39.915073, 116.404017);
        //Google Map 初始设置
        var myOptions = {
            zoom: 15,
```

```
                center: myLatlng,
                mapTypeId: google.maps.MapTypeId.ROADMAP
            }

            map = new google.maps.Map(document.getElementById("map_canvas"),
myOptions);

        }

        function addrToMap(b){
            //地图编码
            var address=$("#address").val();
            geocoder = new google.maps.Geocoder();
                                            //定义一个 Geocoder 对象
            if (geocoder) {
                geocoder.geocode( { 'address': address},function(results,
status) {

                    if (status == google.maps.GeocoderStatus.OK) {
                        map.setCenter(results[0].geometry.location);
                                            //获取坐标
                    } else {
                        alert("编码失败，原因: " + status);
                    }
                });
            }
        }
    })
</script>
</head>
<body>
<div data-role="page" id="map-page">
    <div data-role="header" data-theme="a">
    <h1>输入地址显示地图</h1>
    </div>
    <div data-role="content">
        <!--地图-->
        <div id="map_canvas" style="height:350px;"></div>
        <input type="text" id="address" value="" size="65">
        <input type="button" value="查地图" id="searchAddr">
    </div>
    <div data-role="footer">    </div>
</div>
</body>
</html>
```

执行结果如图 13-9 所示。

图 13-9　范例 ch13_02.htm 的执行结果

在文本框输入地址或经纬度后，单击"查地图"按钮就会执行 searchAddr()函数，地图会显示地址或经纬度所代表的位置。

13-2-2　图标标记

当我们在百度或谷歌地图查询某个地点时，除了显示地图外，还会在地点插上一个像图钉一样的图标标记，我们可以在实现地图服务时加入这项功能。

图标标记是 google.maps.Marker 对象，可以把图标叠加在地图上。我们可以叠加图标标记，当然也可以删除它。Marker 对象有下列 3 个参数。

- position（必要，即必须提供此参数）：用来指定一个 LatLng 对象识别标记位置。
- map（可选参数）：用来指定要将标记放到哪一个 Map 对象上。
- title（可选参数）：用来指定提示文字。

用法如下：

```
var marker = new google.maps.Marker({
    position: myLatlng,
    map:map,
    title:"我在这!!"
});
```

只要加上这段语句，地图上就会以图标标记位置，如图 13-10 所示。

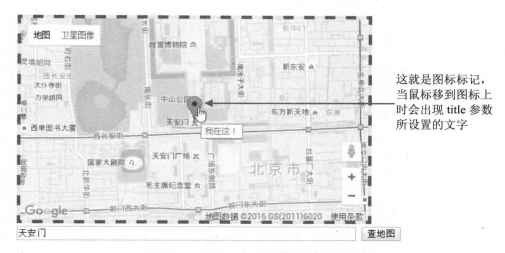

这就是图标标记，当鼠标移到图标上时会出现 title 参数所设置的文字

图 13-10　在指定的地址位置显示图标和设置的文字

marker 函数必须指定将图标标记加到哪一个地图上。如果不指定 map 参数，即便建立了图标标记也不会显示在地图上。你也可以调用图标标记的 setMap() 方法指定标记加到哪一个图层，要删除图标标记可以将 setMap() 指定为 null，语句如下：

```
marker.setMap(map);   //添加图标标记
marker.setMap(null);   //移除图标标记
```

我们也可以在地图的指定位置弹出信息窗口（InfoWindow）显示内容，这样会比提示文字更清楚。打开信息窗口的方法很简单，只要在 InfoWindow 对象调用 open() 方法，并将要打开的地图传给 open() 方法就可以了，语句如下：

```
var infowindow = new google.maps.InfoWindow({
    content: 信息窗口的内容
 });
infowindow.open(map,marker);
```

下面通过范例来看具体实现。

范例：ch13_03.htm

```
<!DOCTYPE html>
<html>
<head>
<title>ch13_03</title>
<meta charset="utf-8">
<meta name="viewport" content="width=device-width, initial-scale=1">
<link rel="stylesheet"
href="http://code.jquery.com/mobile/1.4.5/jquery.mobile-1.4.5.min.css" />
<script src="http://code.jquery.com/jquery-1.11.1.min.js"></script>
<script src="http://code.jquery.com/mobile/1.4.5/
jquery.mobile-1.4.5.min.js"></script>
<!-加载 Google Maps API-->
<script src="https://maps.google.com/maps/api/js" async defer></script>
```

267

```
<script>

$(window).load(function() {
        var map,myLatlng;

        $("#searchAddr").click(function(){
            addrToMap();
        })

        initialize();

        function initialize()
        {
            myLatlng = new google.maps.LatLng(39.915073, 116.404017);
            //Google Map 初始设置
            var myOptions = {
                zoom: 15,
                center: myLatlng,
                mapTypeId: google.maps.MapTypeId.ROADMAP
            }

            map = new google.maps.Map(document.getElementById("map_canvas"),
myOptions);
            addMarker(myLatlng,'天安门');

        }

        function addrToMap(b){
            //地图编码
            var address=$("#address").val();
            var geocoder = new google.maps.Geocoder();
                                                //定义一个 Geocoder 对象
                if (geocoder) {
                    geocoder.geocode( { 'address': address},function(results,
status) {
                        if (status == google.maps.GeocoderStatus.OK) {
                            map.setCenter(results[0].geometry.location);
                                                //获取坐标
                            addMarker(results[0].geometry.location,
results[0].formatted_address);
                        } else {
                          alert("编码失败，原因: " + status);
                        }
                    });
                }
        }
        function addMarker(location,title) {

            var marker = new google.maps.Marker({
```

```
                position: location,
                map: map
            });

            var infowindow = new google.maps.InfoWindow({
                content: title
            });

            google.maps.event.addListener(marker, 'click', function() {
                infowindow.open(map,marker);
            });
        }

    })

</script>

</head>

<body>
<div data-role="page" id="map-page">
    <div data-role="header" data-theme="a">
    <h1>输入地址显示地图</h1>
    </div>
    <div data-role="content">
        <!--地图-->
        <div class="ui-corner-all ui-shadow" style="padding:15px;">
        <div id="map_canvas" style="height:350px;"></div>
        </div>
        <input type="text" id="address" value="" size="65">
        <input type="button" value="查地图" id="searchAddr" data-theme=".e">

    </div>
    <div data-role="footer"></div>
</div>
</body>
</html>
```

执行结果如图 13-11 所示。

从这个范例可以发现，Geocoder 地图编码对象并不是只能输入地址或经纬度进行定位，还可以输入关键词查询，比如主要道路名称、单位名称、公司名称、知名的建筑物或著名的景点等，输入"长安街 午门""故宫"等可以直接在地图上定位到。

同理，也可以将上述谷歌地图程序改写成百度地图程序，注意用到百度地图 API 中的 marker 类即可。

当鼠标光标靠近
图标时会显示出
完整的地址

图 13-11　范例 ch13_03.htm 的执行结果

第14章

综合实践——
记事本 Web App 的实现
（含 HTML5 Web DataBase）

备忘录或记事本这类软件是许多人常使用的工具，必备的需求不外乎添加、修改、查询及删除等，很适用于初学练习。本章我们将使用 jQuery Mobile 制作手机可浏览的简易记事本 Web App，存储的数据库采用 Web SQL Database，功能包含添加记事、删除记事、快速搜索及显示细项等，希望大家能制作出自己专用的记事本。

14-1　认识 Web SQL

首先，我们来认识什么是 Web SQL Database。

Web SQL Database 是关系数据库系统，使用 SQLite 语言存取数据库，对于学过以 SQL 为基础的关系数据库的读者来说，学习 Web SQL 是相当轻松愉快的。Web SQL Database 支持各大浏览器，不必担心应用程序无法使用的问题。

14-1-1　Web SQL 基本操作

Web SQL 的基本操作包含启动数据库及数据的添加、读取、更新与删除等，操作步骤不难，可以分为下列 4 步：

- 步骤01 创建数据库。
- 步骤02 建立交易（Transaction）。
- 步骤03 执行 SQL 语句。
- 步骤04 获取 SQL 执行的结果。

创建数据库

创建数据库时需要定义数据库的名称、版本、描述和大小，HTML5 Storage 的大小是随设备而异的。通常来说，Android 平台大小不得超过 15MB，iOS 平台不可超过 10MB，如果开发时遇到问题可以试着将数值调小一点。

```
db = openDatabase(dbName, dbVersion, dbDescription, dbSize);
```

为了检测是否成功创建数据库，可以检查是否为 null，例如：

```
db = openDatabase("MyDatabase", "1.0", "first DB", 2*1024*1024);
if(!db)
    alert("链接数据库失败");
```

上述语句是打开名为 MyDatabase 的数据库，数据库版本为 1.0，描述内容为 first DB，大小是 2MB。当数据库存在时会打开数据库，不存在时创建数据库。

如果版本号与现有的数据库版本号不符，就无法打开数据库，建议写空白字符串代表不限定版本或用 changeVersion 方法更改数据库版本，更改数据库版本的语句格式如下：

```
db.changeVersion(oldVersionNumber, newVersionNumber, callback,
errorCallback, successCallback)
```

例如：

```
db.changeVersion("", "1", function (tx) {
    // executeSql
}, function (e) {
    //失败时执行的语句
}, function () {
    //成功时执行的语句
});
```

📖 学习小教室

数据库大小表示法

　　计算机的数据使用二进制的 0 或 1，位（bit，或称为比特）是最小的单位，内存存储数据的基本单位是字节（Byte），由 8 个二进制位组成。随着数字科技的发展，内存容量的需求越来越大，从最开始的千字节（KB）、兆字节（MB）、千兆字节（GB）到目前的百万兆字节（TB）等。以下是各个内存计算单位的关系：

　　　1 Kilobyte(KB) = 1024 Bytes

　　　1 Megabyte(MB) = 1024 KB

　　　1 Gigabyte(GB) = 1024 MB

　　　1 Terabyte(TB) = 1024 GB

　　　1 Petabyte(PB) = 1024 TB

　　　1 Exabyte(EB) = 1024 PB

　　　1 Zettabyte(ZB) = 1024 EB

　　　1 Yottabyte (YB) = 1024 ZB

　　上述范例中以 1024*1024 表示 1MB，这样的写法比直接写 1048576 更简单，并且清楚地体现数据库的大小。

建立交易

建立交易时使用 database.transaction()函数，格式如下：

```
transaction(querysql, errorCallback, successCallback);
```

querysql 是实际执行的函数，通常会定义为匿名函数，可以在函数里执行 SQL 语句。举例来说：

```
db.transaction(function (tx) {
    //executeSql
}, function (e) {
    //失败时执行的语句
}, function () {
    //成功时执行的语句
});
```

执行 SQL 语句

transaction 里的 querysql 可以使用 SQL 进行数据库操作，包括创建数据表、添加、修改、删除和查询等，使用的是 executeSql 函数，格式如下：

```
executeSql(sqlStatement, arguments, callback, errorCallback);
```

各个参数说明如下：

- sqlStatement：要执行的 SQL 语句。
- arguments：上述 sqlStatement 使用的 SQL 语句如果能动态变换，可以采用变量的方式以问号（?）取代变量，在 arguments 中按照问号顺序排列成一串组合，例如：

```
sqlStatement = 'update customer set name=? where id=?';
Arguments = [ 'brian', '123' ];
```

- callback：成功时执行的语句，请参考下方"获取 SQL 执行结果"。
- errorCallback：失败时执行的语句。

获取 SQL 执行结果

SQL 查询执行成功后就可以用循环获取执行的结果集，语句如下：

```
for(var i = 0; i < result.rows.length; i++){
    item = result.rows.item(i);
    $("div").html(item["name"] + "<br>");
}
```

结果行以 result.rows 表示，用 result.rows.length 能得知数据共有几笔，每笔数据使用 result.rows.item(index)就可以得到，index 是指行的索引位置（下标位置），从 0 开始。获取单笔数据后可以指定字段名，得到所需要的数据。

14-1-2 创建数据表

大多数浏览器使用的 SQL 后端都是 SQLite，SQLite 是个轻量嵌入式 SQL 数据库（Embedded SQL Database），只是一个文件，不需要特别设置，没有服务器和配置文件，对移动设备来说是非常简单好用的数据库。然而 SQLite 不是标准语言，也没有完全遵守 SQL 标准，所以有些 SQL 语法无法使用。下面我们介绍 SQLite 语句的操作，先来看创建数据表的语句：

```
create table table_name(
  column1 datatype PRIMARY KEY,
  column2 datatype,
  ...
);
```

table_name 是数据表的名称；column 是字段的名字；datatype 是数据类型；PRIMARY KEY 表示主键，主键字段中的数据必须具有唯一值，不能重复；AUTOINCREMENT 是自动编号。举例来说：

```
CREATE TABLE customer (
  id int PRIMARY KEY,
  name char(10),
  address varchar(200)
);
```

上述语句中创建了 3 个字段，分别是 id、name 和 address。其中，id 字段是主键，不允许有重复值；name 字段的数据类型是 10 字节的 char（固定长度的字符串）；address 是 200 字节的 varchar（可变长度的字符串）。

SQLite 并不强制指定数据类型，数据存储时会以最适合的存储类（Storage Class）存储。也就是说，就算不写明数据类型也没关系。例如下式的表示方式也可行。

```
CREATE TABLE customer ( id ,name, address);
```

即使 SQLite 允许忽略数据类型，为了日后数据表维护的方便性以及程序的易读性，建议读者指定数据类型。SQLite 的存储类（Storage Classes）只有 5 种，但几乎包含了所有数据类型，说明如下。

- TEXT：当声明为 CHAR、VARCHAR、NVARCHAR、TEXT、CLOB 等字符串类型时会被归类为 TEXT，例如 CHAR(10)、VARCHAR(255)。

- NUMERIC：当声明为 NUMERIC、DECIMAL(10,5)、BOOLEAN、DATE、DATETIME 时会被归类为 NUMERIC。

- INTEGER：当声明为 INT、INTEGER、TINYINT、SMALLINT、MEDIUMINT 等整数类型时会被归类为 INTEGER。

- REAL：当声明为 REAL、DOUBLE、FLOAT 等浮点数（具有小数点的数值）类型时会被归类为 REAL。

- NONE：不进行任何数据类型转换。

当数据表已经存在时执行 create table 指令就会出错，我们可以加上 if not exists 指令确保 create table 指令只有在数据表不存在时才执行，语句如下：

```
create table if not exists customer (
  id integer primary key,
  name char(10),
  address varchar(200)
)
```

范例：CH14_01.htm

```
<!DOCTYPE html>
<html>
<head>
<meta charset="utf-8">
<title>ch14_01</title>
<script src="http://code.jquery.com/jquery-1.11.1.min.js"></script>
<script type="text/javascript">
$(function () {
```

```
    //打开数据库
    var dbSize=2*1024*1024;
    db = openDatabase('firstDB', '', '', dbSize);
    //创建数据表
    db.transaction(function(tx){
        tx.executeSql("CREATE TABLE IF NOT EXISTS customer (id integer PRIMARY
KEY,name char(10),address varchar(200))",[],onSuccess,onError);
    });
    function onSuccess(tx, results)
    {
      $("div").html("打开数据库成功!")
    }
    function onError(e)
    {
      $("div").html("打开数据库错误:"+e)
    }

})
</script>
</head>
<body>
    <div id="message"></div>
</body>
</html>
```

执行结果如图 14-1 所示。

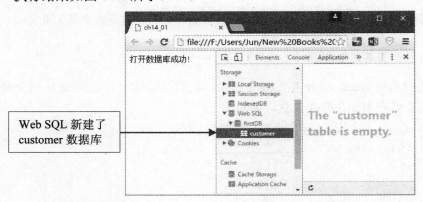

图 14-1　范例 ch14_01.htm 的执行结果

本范例建议以 Google Chrome 浏览器执行，Google chrome 浏览器提供了相当方便的 Web Developer Tools（DEV Tools），可以让我们预览 Web Database 的内容，在 Chrome 浏览器按 F12 键即可打开 DEV Tools，单击 Resources 页签能看到 Web SQL 数据库已经成功创建了 customer 数据表。

14-1-3　添加、修改及删除数据

成功创建数据表后就可以开始写入数据了。

添加数据

添加数据的语句如下：

```
INSERT INTO tableName (column1, column2, ...) VALUES (value1, value2, ...);
```

例如：

```
INSERT INTO customer (name, address)VALUES ('brian', '高雄市');
```

SQL 语句中的字符串前后只能使用单引号。

如果字段设置为 PRIMARY KEY，INSERT 时没有指定字段值，就会直接从目前字段的最大值加 1，相当于设置了 AUTOINCREMENT 自动编号。

修改数据

修改数据使用 UPDATE 指令，语句如下：

```
UPDATE tableName SET column1=value1,column2=value2,...WHERE condition;
```

condition 是指要修改的条件，例如将 id 为 1 的姓名修改为 Jennifer，可以用下式表示：

```
UPDATE customer SET name='Jennifer' WHERE id=1;
```

如果要一次性修改数据表的某个字段，省略 WHERE 子句就可以了，例如将地址全部改为上海市，可以编写如下：

```
UPDATE customer SET address='上海市';
```

删除数据

删除数据使用 DELETE 指令，语句格式如下：

```
DELETE FROM tableName WHERE condition;
```

SQL 语句相当容易理解和记忆，DELETE 语句是从某数据表（FROM）找出符合的数据（WHERE）并删除（DELETE）。举例来说，从 customer 数据表删除 name 为 Jennifer 的数据，语句如下：

```
DELETE FROM customer WHERE name='Jennifer';
```

WHERE 子句指定要删除哪一笔数据，如果省略 WHERE 子句，那么所有数据都会被删除。

提示

> 使用 UPDATE 和 DELETE 指令时必须特别留意 WHERE 子句，WHERE 子句明确指出要修改或删除哪一笔数据，如果省略 WHERE 子句，那么所有数据都会被修改或删除，使用时要特别小心。

建议输入指令时养成先输入 WHERE 再输入 UPDATE 或 DELETE 的习惯，如此一来就不会出现忽略 WHERE 子句的情况了。

选择数据

选择数据使用 SELECT 指令，语句如下：

```
SELECT column1,column2 FROM tableName WHERE condition;
```

例如：

```
SELECT id,address FROM customer WHERE name='Jennifer';
```

找到数据后可以用循环取出，结果行以 result.rows 表示，用 result.rows.length 能够得知数据共有几笔，每笔数据使用 result.rows.item(index)获取，index 是指行的索引位置（下标值），从 0 开始。取得单笔数据后再指定字段名就可以取得所需要的数据了，语句如下：

```
for(var i = 0; i < result.rows.length; i++){
    item = result.rows.item(i);
    $("div").html(item["name"] + "<br>");
}
```

现在来看完整数据库的创建以及数据添加、删除的范例。

范例：CH14_02.htm

```
<!DOCTYPE html>
<html>
  <head>
<meta charset="utf-8">
<title>ch14_02</title>
<style>
table{border-collapse:collapse;}
td{border:1px solid #0000cc;padding:5px}
#message{color:#ff0000}
</style>
<script src="http://code.jquery.com/jquery-1.11.1.min.js"></script>
<script>
$(function () {
    //打开数据库
    var dbSize=2*1024*1024;
     db = openDatabase('firstDB', '', '', dbSize);

     db.transaction(function(tx){
         //创建数据表
         tx.executeSql("CREATE TABLE IF NOT EXISTS customer (id integer PRIMARY
KEY,name char(10),address varchar(200))");
         showAll();
     });

    $( "button" ).click(function () {
        var name=$("#name").val();
        var address=$("#address").val();
        if(name=="" || address==""){
            $("#message").html("请输入姓名及地址：");
            return false;
        }
```

```
        db.transaction(function(tx){
                //添加数据
                tx.executeSql("INSERT INTO customer(name,address)
values(?,?)",[name,address],function(tx, result){
                        $("#message").html("添加数据完成!")
                        showAll();
                },function(e){
                        $("#message").html("添加数据错误:"+e.message)
                });
        });
    })


    function showAll(){
        $("#showData").html("");
        db.transaction(function(tx){
            //显示 customer 数据表全部数据
            tx.executeSql("SELECT id,name,address FROM customer",[],
function(tx, result){
                if(result.rows.length>0){
                    var str="现有数据: <br><table><tr><td>id</td><td>姓名
</id><td>地址</id><td> </id></tr>";
                    for(var i = 0; i < result.rows.length; i++){
                        item = result.rows.item(i);
                        str+="<tr><td>"+item["id"] + "</td><td>" +
item["name"] + "</td><td>" + item["address"] + "</td><td><input type='button'
id='"+item["id"]+"' class='delItem' value='删除'></td></tr>";
                    }
                    str+="</table>";
                    $("#showData").html(str);

                    //删除按钮
                    $(".delItem").click(function() {
                        var delid=$(this).prop("id");
                        db.transaction(function(tx){
                            //删除数据
                            var delstr="DELETE FROM customer WHERE id=?";
                            tx.executeSql(delstr,[delid],function(tx,
result){

                                $("#message").html("删除数据完成!")
                                showAll();
                            },function(e){
                                $("#message").html("删除数据错
误:"+e.errorCode);
                            });
                        });
                    })
                }
            },function(e){
                $("#message").html("SELECT 语句出错了!"+e.message)
```

```
                });
            });
        }


    })
    </script>
    </head>
    <body>
    <h3>数据添加与删除</h3>
    请输入姓名和地址：
    <table>
    <tr>
        <td>姓名：</td>
        <td><input type="text" id="name"></td>
    </tr>
    <tr>
        <td>地址：</td>
        <td><input type="text" id="address"></td>
    </tr>
    </table>
    <button id='new'>提交</button>
    <p>
    <div id="message"></div>

    <div id="showData"></div>
    </body>
    </html>
```

执行结果如图 14-2 所示。

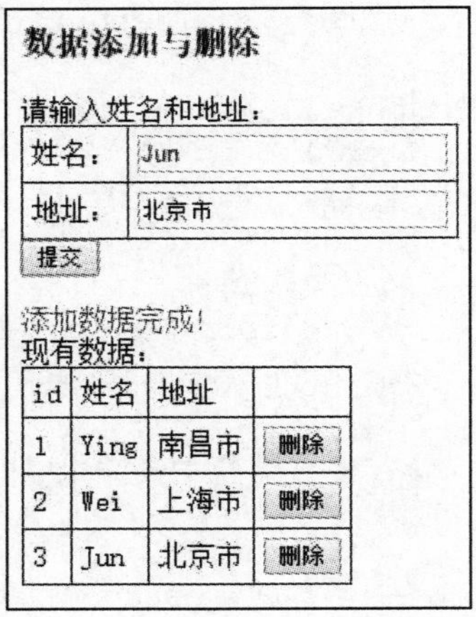

图 14-2　范例 ch14_02.htm 的执行结果

　　用户输入数据并单击"提交"按钮就可以添加一笔记录，单击"删除"按钮则会删除对应的记录。

　　学会了 Web SQL DataBase 的基本操作后，我们准备实现记事本应用程序。首先来看记事本应用程序的外观与整体结构。

14-2　记事本应用程序的结构

记事本应用程序的外观如图 14-3 所示，功能包括添加、删除、搜索以及记事列表。

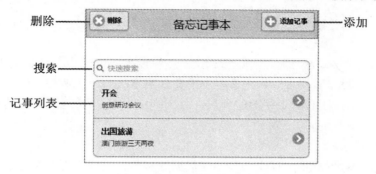

图 14-3　记事本应用程序的外观

单击"添加记事"按钮弹出"添加记事"对话框，如图 14-4 所示。

单击"删除"按钮会在各个记事前方显示 Delete 按钮，单击 Delete 按钮可以删除该笔记事，如图 14-5 所示。

图 14-4　"添加记事"对话框

图 14-5　删除记事

每一笔记事都可以单击，被单击的记事会弹出对话框并显示该记事的详细信息，如图 14-6 所示。

图 14-6　单击记事可以查看记事的详细信息

我们总共需要 3 个页面，分别是首页、添加记事的页面以及显示记事详细信息的页面。首先来看首页的程序代码。

```
<div data-role="page" id="home">
  <div data-role="header" id="header" class="navbar">
```

```
    <a href="#" data-icon="delete" id="del">删除</a>
    <h1>备忘记事本</h1>
    <a href="#addNote" data-icon="plus" class="ui-btn-right"
data-rel="dialog" id="new">添加记事</a></div>
    <div data-role="content">
      <ul id="list" data-role="listview" data-inset="true" data-filter="true"
data-filter-placeholder="快速搜索"></ul>
    </div>
  </div>
</div>
```

记事列表使用的是 listview 组件，将 data-filter 属性设为 true 就会在列表上方显示搜索栏，使用 data-filter-placeholder 属性可以将搜索栏中的默认文字改为"快速搜索"。

首页上有"删除"按钮和列表视图的各项，分别绑定 click 事件触发对应的处理函数。

```
$('#list').on('click', 'li',show);
$("#del").on("click",showdelbtn);
```

记事数据库使用 Web SQL，首先必须创建数据库和数据表，数据库名称为 todo；数据表为 notes，共有 5 个字段，如表 14-1 所示。

表 14-1 数据表 notes 的 5 个字段

字段名	数据类型	主键	字段说明
id	integer	是	自动编号
title	char(50)	否	记事标题
inputMemo	text	否	记事内容
start_date	datetime	否	日期
build_date	datetime	否	创建日期

程序代码如下：

```
var dbSize=2*1024*1024;
db = openDatabase('todo', '', '', dbSize);

db.transaction(function(tx){
    //创建数据表
    tx.executeSql("CREATE TABLE IF NOT EXISTS notes (id integer PRIMARY
KEY,title char(50),inputMemo text,start_date datetime,build_date datetime)");
});
```

下面我们来看添加、删除及列表的程序。

14-3 添加记事

由于 addNote 页面的 data-role 属性设为 dialog，单击首页的"添加记事"按钮时会以对话框的方式打开页面。转换到 addNote 页面时先将标题和内容清空，为了便于用户输入数据，我们先将光标放到标题栏，设置日期字段显示日期选择器，程序如下：

```
$("#addNote").on("pageshow",function(){
    $("#title").val("");
```

```
        $("#inputMemo").val("");
        $("#title").focus();
        $( "#inputDate" ).datepicker({
            dateFormat: "yy-mm-dd"
        });
    });
```

添加记事（id 为 addNote）窗口的 HTML 程序代码如下：

```
<div data-role="page" id="addNote">
  <div data-role="header">
    <h1>添加记事</h1>
  </div>
  <div data-role="content">
    <input type="text" id="inputDate" data-role="date" placeholder="请选择日
期...">
    <input type="text" id="title" placeholder="请输入主题...">
    <textarea id="inputMemo" rows="5" placeholder="请输入记事内容..."
style="min-heihgt:50px"></textarea>
    <a href="#" data-role="button" id="save">保存</a>
  </div>
</div>
```

添加记事页面使用 dialog 对话框的方式，窗口的 id 名称为 addNote，并且加入日期字段（id 为 inputDate），让用户输入记事标题的 text 单行文本框（id 为 title）、记事内容的 textarea 文本框（id 为 inputMemo）以及一个"保存"按钮（id=为 save），页面显示如图 14-7 所示。

图 14-7　单击"添加记事"按钮弹出"添加记事"对话框

单击"保存"按钮后，必须将用户输入的数据存入 notes 数据表，再将 dialog 对话框关闭，调用 noteList 函数将记事数据显示于首页，程序代码如下：

```
$("#save").on("click",save);
function save(){
    var title = $("#title").val();
    var inputMemo = $("#inputMemo").val();
    var inputDate = $("#inputDate").val();

    db.transaction(function(tx){
    //添加数据
```

```
        tx.executeSql("INSERT INTO notes(title,inputMemo,start_date,
build_date) values(?,?,?,datetime('now', 'localtime'))",[title,inputMemo,
inputDate],function(tx, result){
        $('.ui-dialog').dialog('close');
        noteList();
    },function(e){
        alert("添加数据错误:"+e.message)
    });
});
```

这里使用 build_date 字段记录每笔记事创建的日期，通过 SQLite 的 datetime('now', 'localtime')方法让程序自动抓取系统现在的时间并存入 build_date 字段中。

SQLite 还提供了下列操作日期与时间的方法供读者参考。

```
datetime('now', 'localtime')   //获取现在的日期时间
date('now');   //获取今天的日期
time('now', 'localtime');   //获取现在的时间
date('now', '-1 days');   //获取昨天的日期
date('now', 'weekday 2');   //获取最近的星期二日期
```

14-4　删除记事

有了添加功能当然也要让用户能删除记事。单击"删除"按钮时，动态在每笔记事前添加 Delete 按钮，单击 Delete 按钮后弹出确认窗口，确认无误后将其删除，如图 14-8 所示。

图 14-8　单击"删除记事"按钮会在每个记事前显示 Delete 按钮

下面来看"删除"按钮的程序代码。

```
$("#del").on("click",showdelbtn);
function showdelbtn(){
    if($("button").length<=0){   //按钮不存在才会添加按钮，已存在就删除按钮
        var DeleteBtn = "<button class='css_btn_class btn
btn-danger'>Delete</button>";
        $("li:visible h3").prepend(DeleteBtn);
    }else{
        $("button").remove();
    }
}
```

我们希望 Delete 按钮显示在<li>标签中的<h3>标签前，可以用 prepend 方法将按钮插入<h3>组件前方。

```
$("li:visible h3").prepend(DeleteBtn);
```

由于 listview 添加了 data-filter 属性，因此提供搜索功能。用户有可能进行搜索后才单击"删除"按钮，所以我们限制 Delete 按钮只加在可见（visible）<li>组件前。

除了 prepend 方法外，jQuery 动态添加 HTML 还有表 14-2 所列的方法供读者参考。

表 14-2　jQuery 动态添加 HTML 的其他方法

函数方法	说明
$(selector).append(content)	向被选元素内部的后方添加 HTML 内容
$(selector).prepend(content)	向被选元素内部的开头添加 HTML 内容
$(selector).after(content)	在被选元素后添加 HTML 内容
$(selector).before(content)	在被选元素前添加 HTML 内容

单击 Delete 按钮后，弹出确认窗口询问用户是否确定执行删除，单击"确定"按钮后再执行删除数据表里的数据。

```
$("#home").on('click','.css_btn_class', function(event){
        event.preventDefault();
        if(confirm("确定要执行删除?")){
            var value=$(this).closest("li").attr("id");
            db.transaction(function(tx){
            //显示 customer 数据表全部数据
            tx.executeSql("DELETE FROM notes WHERE id=?",[value],
function(tx, result){
                noteList();
            },function(e){
                alert("DELETE 语句错误: "+e.message)
                 $("button").remove();
            });
        });
        }
    });
```

我们在动态显示列表<li>组件时指定了<li>组件的 id 等于每笔记事的 id（程序详见下一节"记事列表"），执行删除时可以抓取<li>的 id 删除该笔数据，程序如下：

```
$(this). closest("li").attr("id");
```

$(this)指的是 Delete 按钮,利用 jQuery 选择器的 closest 方法获取最接近按钮的<li>组件中的 id 属性，Delete 按钮与<li>组件的关系如图 14-9 所示。

图 14-9　Delete 按钮与<li>组件的关系示意图

在上述程序中，当删除指令成功时调用 noteList 函数显示所有记事，当失败时显示错误信息并将 Delete 按钮删除。

提示

> 按钮的外观借助 bootstrap 插件的按钮效果产生，使用前必须导入 bootstrap 的 css 文件，然后在按钮<button>标签的 class 类加入 btn btn-danger 即可。

14-5　记事列表

记事列表的功能是把数据库中的数据显示于首页上，程序代码如下：

```
function noteList(){
        $("ul").empty();
        var note="";

        db.transaction(function(tx){
            //显示 notes 数据表全部数据
            tx.executeSql("SELECT id,title,inputMemo,start_date FROM
notes",[], function(tx, result){
                if(result.rows.length>0){
                    for(var i = 0; i < result.rows.length; i++){
                        item = result.rows.item(i);
                        note+="<li id='"+item["id"]+"'><a
href='#'><h3>"+item["title"]+" ["+item["start_date"]+"]</h3><p>"
+item["inputMemo"]+"</p></a></li>";
                    }
                }
                $("#list").append(note);
                $("#list").listview('refresh');
            },function(e){
                alert("SELECT 语句错误: "+e.message)
            });
        });
    }
```

执行 select 指令成功找出数据后，用<li>组件显示数据，并且将每笔数据的 id 字段值直接指定给<li>的 id 属性，语句如下：

```
note+="<li id='"+item["id"]+"'><a href='#'><h3>"+item["title"]+"
["+item["start_date"]+"]</h3><p>"+item["inputMemo"]+"</p></a></li>";
…
$("#list").append(note);  ../// <ul>组件的 id=list
```

由于<li>组件是动态产生的，因此程序虽然添加到<ul>组件，但是 jQuery Mobile 的列表视图组件并没有呈现出来，如图 14-10 左图所示。所以我们必须加入下行程序让 listview 组件更新，结果如图 14-10 右图所示。

```
$("#list").listview('refresh');
```

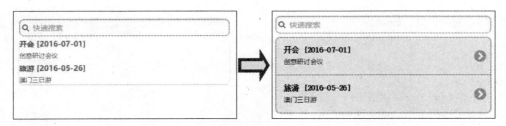

图 14-10　使用 jQuery Mobile 的列表视图组件并呈现列表

　　程序编写完成后，读者可以启动浏览器执行范例，本书提供的下载文件夹中包含了完整的范例程序代码。

📖学习小教室

让 jQuery Mobile 停用 Ajax 加载页面

　　由于 jQuery Mobile 默认使用 Ajax 动态加载页面，让用户在切换网页时有很美观和流畅的感受，动态加载页面时 jQuery Mobile 会使用 history.replaceStat 函数改变 HTML DOM hash（url#号后的部分）。例如，当前网址：http://example.com.tw/test.htm#test1。

　　Hash 就是#test1。如果浏览器不支持 history.replaceState 函数或禁用此函数，就会出现错误而无法执行。如果想在浏览器执行程序，可以要求 jQuery Mobile 跳转页面不使用 Ajax，只要在导入 jquerymobile 的 js 文件之前加入下面的程序就可以了。

```
<script>
$(document).on("mobileinit", function() {
  $.mobile.ajaxEnabled=false;
$.mobile.pushStateEnabled = false;
});
</script>
```

　　下面是本章综合实践的完整程序代码：

```
<!DOCTYPE html>
<html>
<head>
<title>记事本 NoteApp 实践</title>
<meta charset="utf-8">
<meta name="viewport" content="width=device-width, initial-scale=1">

<link rel="stylesheet" href="jquerymobile/jquery.mobile-1.4.5.min.css" />
<link rel="stylesheet" href="jquery-ui.css">
<link rel="stylesheet" href="themes/sweet.min.css" />
<script src="../jquery-2.2.1.min.js"></script>
<script src="jquery-ui.js"></script>
<script>
$(document).on("mobileinit", function() {
   $.mobile.ajaxEnabled=false;
 $.mobile.pushStateEnabled = false;
});
```

```
</script>
<script src="jquerymobile/jquery.mobile-1.4.5.min.js"></script>

<link rel="stylesheet" href="bootstrap/bootstrap.min.css">
<style>
*{font-family:微软雅黑;}
.navbar{font-size:1.5em;}
#inputMemo {
  height: auto !important;
}
</style>
<script>
var db;


$(function(){

        //打开数据库
        var dbSize=2*1024*1024;
        db = openDatabase('todo', '', '', dbSize);

        db.transaction(function(tx){
            //创建数据表
            tx.executeSql("CREATE TABLE IF NOT EXISTS notes (id integer
PRIMARY KEY,title char(50),inputMemo text,start_date datetime,
build_date datetime)");

        });

        //打开 addNote 窗口时清空字段值并设置日期日历
        $("#addNote").on("pageshow",function(){
            $("#title").val("");
            $("#inputMemo").val("");
            $("#title").focus();
            $( "#inputDate" ).datepicker({
                dateFormat: "yy-mm-dd"
            });
        });

        //显示列表
        noteList();

        //保存数据
        $("#save").on("click",save);
        function save(){
                var title = $("#title").val();
                var inputMemo = $("#inputMemo").val();
                var inputDate = $("#inputDate").val();

                db.transaction(function(tx){
```

```
                        //添加数据
                        tx.executeSql("INSERT INTO notes(title,inputMemo,
start_date,build_date) values(?,?,?,datetime('now', 'localtime'))",
[title,inputMemo,inputDate],function(tx, result){
                                $('.ui-dialog').dialog('close');
                                noteList();
                        },function(e){
                                alert("添加数据错误:"+e.message)
                        });
                });
        }


        //显示细项
        $('#list').on('click', 'li',show);
        function show(){
            if($("button").length<=0){
                $("#viewTitle").html("");
                $("#viewMemo").html("");

                var value=parseInt($(this).attr('id'));

                db.transaction(function(tx){
                        //显示 customer 数据表全部数据
                        tx.executeSql("SELECT id,title,inputMemo,
start_date,build_date FROM notes where id=?",[value], function(tx, result){
                                if(result.rows.length>0){
                                        for(var i = 0; i < result.rows.length; i++){
                                                item = result.rows.item(i);
                                                $("#viewTitle").html("主题:"+item["title"]);
                                                $("#viewMemo").html(item["inputMemo"]);
                                                $("#viewDate").html("日期:
"+item["start_date"]);

                                                $("#build_date").html("创建日期:
"+item["build_date"]);
                                        }
                                }

                                $.mobile.changePage("#viewNote",{role: "dialog"});
                        },function(e){
                                alert("SELECT 语句错误: "+e.message)
                        });
                });
            }

        }

        //显示 list 删除按钮
        $("#del").on("click",showdelbtn);
        function showdelbtn(){
```

```
            if($("button").length<=0){    //按钮不存在才会添加按钮
                var DeleteBtn = "<button class='css_btn_class btn
btn-danger'>Delete</button>";
                $("li:visible h3").prepend(DeleteBtn);
            }else{
                $("button").remove();
            }
        }
        //单击 list 删除按钮
        $("#home").on('click','.css_btn_class', function(event){
            event.preventDefault();
            if(confirm("确定要执行删除?")){
                var value=$(this).closest("li").attr("id");
                db.transaction(function(tx){
                    //显示 customer 数据表全部数据
                    tx.executeSql("DELETE FROM notes WHERE id=?",[value],
function(tx, result){

                        noteList();
                    },function(e){
                        alert("DELETE 语句错误: "+e.message)
                         $("button").remove();
                    });
                });
            }
        });


        //列表
        function noteList(){
            $("ul").empty();
            var note="";

            db.transaction(function(tx){
                //显示 notes 数据表全部数据
                tx.executeSql("SELECT id,title,inputMemo,start_date FROM
notes",[], function(tx, result){
                    if(result.rows.length>0){
                        for(var i = 0; i < result.rows.length; i++){
                            item = result.rows.item(i);
                            note+="<li id='"+item["id"]+"'><a
href='#'><h3>"+item["title"]+"
["+item["start_date"]+"]</h3><p>"+item["inputMemo"]+"</p></a></li>";
                        }
                    }
                    $("#list").append(note);
                    $("#list").listview('refresh');
                },function(e){
                    alert("SELECT 语句错误: "+e.message)
                });
```

```
                  });
             }
    });

</script>
</head>
<body>
<!--首页 记事列表-->
<div data-role="page" id="home">
  <div data-role="header" id="header" class="navbar">
  <a href="#" data-icon="delete" id="del">删除</a>
    <h1>备忘记事本</h1>
    <a href="#addNote" data-icon="plus" class="ui-btn-right"
data-rel="dialog" id="new">添加记事</a></div>
    <div data-role="content">
       <ul id="list" data-role="listview" data-inset="true" data-filter="true"
data-filter-placeholder="快速搜索"></ul>
    </div>
</div>

<!--添加记事-->
<div data-role="page" id="addNote">
  <div data-role="header">
    <h1>添加记事</h1>
  </div>
  <div data-role="content">
    <input type="text" id="inputDate" data-role="date" placeholder="请选择日
期...">
    <input type="text" id="title" placeholder="请输入主题...">
    <textarea id="inputMemo" rows="5" placeholder="请输入记事内容..."
style="min-heihgt:50px"></textarea>
    <a href="#" data-role="button" id="save">保存</a>
  </div>
</div>

<!--记事详细-->
<div data-role="page" id="viewNote">
  <div data-role="header">
    <h1 id="viewTitle">记事</h1>
  </div>
  <div data-role="content">
    <p id="viewDate">日期</p>
    <p id="viewMemo">内容</p>
  </div>
  <div data-role="footer">
    <p id="build_date"></p>
  </div>
</div>
</body>
</html>
```